Ausbreitungsbiologie der Höheren Pflanzen

Ulrich Hecker

Ausbreitungsbiologie der Höheren Pflanzen

Eine Darstellung auf morphologischer Grundlage

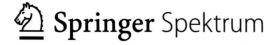 Springer Spektrum

Ulrich Hecker
Mainz, Deutschland

ISBN 978-3-662-67414-7   ISBN 978-3-662-67415-4   (eBook)
https://doi.org/10.1007/978-3-662-67415-4

Die Deutsche Nationalbibliothek verzeichnet diese Publikation in der Deutschen Nationalbibliografie;
detaillierte bibliografische Daten sind im Internet über http://dnb.d-nb.de abrufbar.

Planung/Lektorat: Stefanie Wolf
Springer Spektrum ist ein Imprint der eingetragenen Gesellschaft Springer-Verlag GmbH, DE und ist
ein Teil von Springer Nature.
Die Anschrift der Gesellschaft ist: Heidelberger Platz 3, 14197 Berlin, Germany

Das Papier dieses Produkts ist recyclebar.

Inhaltsverzeichnis

Kapitel 1
Einführung

Die Höheren Pflanzen, der Botaniker versteht darunter die Farn- und Blütenpflanzen, sind fast ausnahmslos statische Lebewesen, die an den Ort ihrer Entstehung gebunden sind. Ein Genaustausch kann bei der Bestäubung durch den
Wind oder durch Tiere, vor allem Insekten, aber auch Vögel oder Säugetiere,
erfolgen, sodass bei der Befruchtung Erbinformationen von „außerhalb" zu einer
genetischen Veränderung oder doch Stabilisierung des genetischen Potenzials
führen können.

Eine Ausbreitung – wie auch immer – ist bei Pflanzen auf generative Weise
fast nur im latent lebenden Zustand, vor allem mittels Samen und Früchten, möglich. Der wissenschaftliche Bereich, der sich mit diesem Geschehen befasst,
ist die Ausbreitungsbiologie. Es ist ein vielfältig interessantes Gebiet, da es
die unbelebten und belebten Agenzien umfasst, die zu einer Ausbreitung führen
können.

Lange Zeit war dieses Geschehen zentraleuropäisch fixiert, das heißt, die
Betonung lag ausschließlich auf der Beschreibung oder Erfassung möglichst
wirksamer Ausbreitungsmechanismen. Das trifft, in mitunter recht unterschiedlicher Wirkungsweise, auch auf die humiden Bereiche der Welt außerhalb
Zentraleuropas zu. Für semiaride und aride Gebiete der Welt, und diese nehmen
bekanntermaßen einen nicht unerheblichen Prozentsatz der Oberfläche der
Kontinente ein, gelten seit den Untersuchungen von Stopp und Zohary und vielen
weiteren jedoch andere Kriterien, die in den meisten Ausführungen über die Ausbreitungsbiologie gar nicht oder vergleichsweise nur am Rande erläutert werden.
Ähnliches gilt für die Inselfloren.

Vegetationsfreie Räume, sobald die edaphischen und klimatologischen Voraussetzungen erfüllt sind, gibt es auf der Erde nicht. Neu entstandene Lebensräume
durch Vulkanismus, Brände, Bergstürze, Unwetter, Trümmerlandschaften nach
Kriegseinwirkungen, neue, künstliche Gewässer werden alsbald wieder besiedelt.
1883 erfolgte der Vulkanausbruch auf der Insel Krakatau. Die gesamte Inselflora

war durch Asche und Bimsstein vernichtet. Die naheste Insel Sebesi ist 19 km, Sumatra 37 km und Java 41 km entfernt. 1886 fand der Botaniker Trieb neben Farnen bereits 15 Blütenpflanzen vor. 1897 waren es 56 und 1902 bereits 92 Arten.

Auch die Ende 1963–1967 30 km vor der SW-Küste Islands entstandene Insel Surtsey ist Objekt von Untersuchungen zur Primärvegetation. Im Jahre 2004 wurden auf der Insel 69 Gefäßpflanzenarten registriert.

Nach dem 2. Weltkrieg waren die Trümmerlandschaften der Großstädte schnell wieder mit Gehölzen wie *Ailanthus*, Betula, Buddleja, Populus und *Salix* besiedelt. Nach Waldbränden stellt sich binnen kurzer Zeit eine neugebildete Vegetation, häufig mit *Epilobium angustifolium*, ein.

In diesem Buch werden zwar auch die „klassischen Bereiche" der Ausbreitungsbiologie in der notwendigen Breite abgehandelt, und den ausbreitungsverzögernden oder gar ausbreitungshemmenden Strategien, wird der, wie der Autor meint, notwendige Platz eingeräumt.

Die Ausbreitungsbiologie ist auch heute, wo in den Biowissenschaften molekularbiologische oder chemische Forschungen in den Mittelpunkt des Interesses gerückt sind, noch ein faszinierendes Gebiet, das neben der Blütenbiologie botanische und zoologische Verknüpfungen in mannigfacher und komplizierter Weise zeigt. Da Verallgemeinerungen, wie überall im belebten Bereich, ein falsches Bild ergeben, müssen viele Detailergebnisse beschrieben und erläutert werden.

Die Konzeption dieses Buchs geht auf eine Vorlesung zurück, die der Autor mehrere Jahre an der Johannes Gutenberg-Universität in Mainz hielt. Zu diesem Zweck sind auch die meisten Zeichnungen entstanden, die der wissenschaftliche Grafiker Eberhard Göppert anfertigte. Die außerordentlich fruchtbare Zusammenarbeit mit ihm ist mir auch heute noch Anlass zu einem dankbar ehrenvollen Gedenken. Für die neueren Zeichnungen danke ich Frau Dr. Christel Adams, deren grafische Ausführungen sich harmonisch zu den bisherigen Illustrationen fügen. Meinem Sohn Joachim verdanke ich die sehr aufwendige Herstellung der druckfertigen Abbildungsvorlagen. Meinem Sohn Thomas danke ich für allgemeine Fragen und die Aufbereitung der Texte.

Mainz im März 2023.

Ulrich Hecker.

Kapitel 2
Vorbemerkungen zur Terminologie

Unter Dissemination verstehen wir nach Stopp alle Vorgänge von der Samenreife bis zum Beginn der Keimung. Die Beschäftigung mit diesem Thema ist daher die Dissiminationsbiologie. Sie untersucht alle an den geschlechtlichen Reproduktionskörpern sich abspielenden Vorgänge von der Samenreife bis zur Keimung. Dazu gehören die Exponierung (Streckung von Achsenorganen, Entfaltungsbewegungen und Dehiszenzen von Fruchthüllen usw.), die Ablösung, der Transport und die Fixierung der Ausbreitungseinheiten. Früher sprach man im deutschsprachigen Raum von Verbreitung, ohne auf die Zweideutigkeit besonders einzugehen. Heute unterscheiden wir die Verbreitungsbiologie, das heißt die geografische Verbreitung im statischen Sinne, Distribution und die Ausbreitung im dynamischen Sinne von Neubesiedlung, Propagation bzw. Dispersion. Im englischen Sprachraum sind das *distribution* und *dispersal*.

Entsprechend sprechen wir mit Vogler (1901) von der Verbreitungs- oder Ausbreitungseinheit und mit Sernander (1927, zitiert nach Stopp 1958) oder Disseminule im Sinne von Zohary (ebenfalls zitiert nach Stopp 1958).

Literatur

Sernander R (1927) Zur Morphologie und Biologie der Diasporen. Nova Acta Regiae Soc Sci Upsal Vol Extra Ord 1927:1–104

Stopp K (1958) Die verbreitungshemmenden Einrichtungen in der südafrikanischen Flora. Bot Studien 8:1–103

Vogler P (1901) Ueber die Verbreitungsmittel der schweizerischen Alpenpflanzen. Flora 89:1–137

Zohary M (1937) Die verbreitungsökologischen Verhältnisse der Pflanzen Palästinas I. Beih Bot Centralblatt 56A:1–155

Kapitel 3
Bodensamenbank

Da es sich nicht nur um Samen, sondern um vielgestaltige Ausbreitungseinheiten handelt, wäre der Terminus Diasporenbank angebrachter. Er hat sich jedoch (noch) nicht durchgesetzt.

Oftmals werden Ausbreitungseinheiten wie Samen oder Früchte im Erdboden gespeichert. Wir sprechen von Bodensamenbanken bzw. *soil seed banks.* Dabei unterscheiden wir zwischen *transient seed banks,* in denen die Samen nur ein Jahr lebensfähig sind, und *persistant seed banks,* in denen die Ausbreitungseinheiten über mehrere Jahre hinweg lebensfähig bleiben. Es handelt sich vor allem um kleine Samen.

Nicht unmittelbar mit einer Samenverbreitung zu verwechseln ist das massenhafte, spontane Auftreten zum Beispiel von Ackerunkräutern nach Umpflügen, Errichtung von Straßenböschungen usw.

Viele Samen, und das gilt auch für andere Formen von Ausbreitungseinheiten, überdauern im Boden sehr lange, ohne ihre Keimfähigkeit einzubüßen. Durch Schaffung günstiger Keimungsbedingungen – Bodenerwärmung, Temperaturrhythmik, geringe Keimungstiefen, Licht – kann dann mehr oder weniger plötzlich massenhaft eine Keimung erfolgen. In Mitteleuropa ist dies besonders gut an neu geschaffenen Straßenböschungen zu beobachten. Im ersten Jahr treten dort bisweilen Massenbestände von *Sinapis arvensis* auf. Im zweiten Jahr sind es dann vor allem Massenbestände von *Papaver rhoeas* oder *P. dubium.*

Samenbanken begegnen uns vor allem bei häufig gestörter Vegetation wie Äckern und Gärten. Je Quadratmeter Ackerboden sind in Mitteleuropa zwischen 10.000 und 80.000 Samen enthalten (Kadereit 1989). Im Weideland, das zuvor ein Acker war, können es 70.000 Ausbreitungseinheiten sein. Im Weideland, das hingegen schon lange in dieser Funktion genutzt wurde, sind es meist nur 500. In der Gartenerde können es aber auch über 150.000 Ausbreitungseinheiten sein.

© Der/die Autor(en), exklusiv lizenziert an Springer-Verlag GmbH, DE, ein Teil von Springer Nature 2023
U. Hecker, *Ausbreitungsbiologie der Höheren Pflanzen*,
https://doi.org/10.1007/978-3-662-67415-4_3

5

Die meisten befanden sich nach Kadereit (1989) in folgenden Tiefen:

- bis 5 cm: 65 % (davon zwei Drittel in den oberen 2,5 cm)
- 5–10 cm: 20 %
- 10–15 cm: 10 %
- bis 23 cm: 5 %.

Ganz anders liegen die Werte in den Wäldern. So lagen die Zahlen in einem Ahorn-Wald in Maine/USA pro Quadratmeter bei 122. Ähnliche Werte sind es auch in den Wäldern Mitteleuropas.

Whitmore (1983) gibt 25–1000 Samen/m^2 für einen feucht-tropischen Urwald in Costa Rica an, Uhl und Clark (1983) und Whitmore (1983) hingegen 3000–8000 Samen/m^2 in einer sekundären tropischen Vegetation.

In den mitteleuropäischen Wäldern spielen die Samenbanken nur eine sehr untergeordnete Rolle. Die Samen oder Früchte der Gehölze keimen oft bald nach ihrer Reife. Sehr gut beobachtbar ist dies bei *Acer saccharinum*, wo die Früchte bereits Anfang Juni zu Boden fallen und alsbald zu keimen beginnen. Aber auch bei *Aesculus* und vielen anderen Gehölzgattungen ist die Samenruhe nur kurz.

Von entscheidender Bedeutung sind hingegen die **Sämlingsbanken**. Im Frühsommer lässt sich dieses Phänomen sehr anschaulich in Wäldern mit Ahorn, Buche, Eiche und Esche beobachten. Die Ausbreitungseinheiten keimen bereits nach der Reife, sodass man am Erdboden oft einen dichten Besatz an Sämlingen

Abb. 3.1 Sämlingsbank mit *Acer campestre* (U. Hecker, Mainz-Laubenheim, Juli 2020)

sehen kann. Diese Sämlinge bilden nur wenige Laubblätter aus, wobei das Längenwachstum der Sprosse kaum eine Rolle spielt, und überdauern in diesem Stadium nur wenige Jahre (Abb. 3.1). Ändern sich jedoch die Lichtverhältnisse, kommt es unter Konkurrenzdruck für einige Exemplare zu einem Längenwachstum, während der Rest der Sämlinge abstirbt.

Die Lebensfähigkeit von Diasporen ist außerordentlich unterschiedlich. Reife *Hevea*-Samen keimen nur noch nach wenigen Tagen. Auch die meisten *Salix*-Samen verlieren ihre Keimfähigkeit innerhalb weniger Tage. Samen von *Impatiens glandulifera* sind etwa sechs Jahre keimfähig (Koenies und Glavac 1979). Die Steinkerne von *Prunus pensylvanica* im Erdboden sind noch nach 50 Jahren keimfähig (Marks 1974). Langlebigkeitsrekorde sind uns nach Ødum (1965) von *Chenopodium album* und *Spergula arvensis* bekannt. Er fand diese in eisenzeitlichen Schichten in Jütland mit einem Alter von 1700 Jahren. Nach Porsild et al. (1967) keimten *Lupinus arcticus*-Samen noch aus mehrere Tausend Jahre alten pleistozänen Schichten.

W. J. Beal grub 1879 mit Sand und Diasporen gefüllte Glasflaschen im Boden ein. In gewissen Zeitabständen testete er die verbliebene Keimfähigkeit. Nach Kivilaan und Bandurski (1981) keimten *Verbascum blattaria*, *V. thapsus* und *Malva pusilla* noch nach über 100 Jahren. Im Jahr 2000 keimten von *Verbascum blattaria* von 50 Samen noch 23. Weitere wertvolle Angaben finden sich bei Archibold (1981), Beal (1885), Cheke (1979), Forcella (1984), Harper (1977), Levina (1957), Salzmann (1954), Sarukhán (1974), Silvertown (1982), Thompson (1978), Thompson et al. (1997), Warwick (1984), Whipple (1978) und Young (1985).

Nicht immer im, sondern mitunter auch auf dem Erdboden werden die Früchte von *Medicago*-Arten gespeichert. Die darin enthaltenen Samen können über mehrere Jahre ihre Keimfähigkeit bewahren.

Literatur

Archibold OW (1981) Buried viable propagules in native prairie and adjacent agricultural sites in central Saskatchewan. Canad Journ Bot 659:701–706

Beal WJ (1885) The viability of seeds. Proceedings of the Society for the Promotion of Agricultural Science 5:44–46

Cheke AS (1979) Dormancy and dispersal of seeds of a secondary forest species under the canopy of a primary tropical rain forest in northern Thailand. Biotropica 11:88–95

Forcella F (1984) A species-area curve for buried viable seeds. Aust J Agric Res 35:645–652

Harper JL (1977) Population biology of plants. Academic, London

Kadereit JW (1989) Der Boden als Samenbank. Struktur, Funktion Vorkommen. Biol unserer Zeit 19(3):89–93

Kivilaan A, Bandurski RS (1981) The one hundred-year period for Dr. Beal's seed viability experiment. Am J Bot 68(9):1290–1292

Koenies H, Glavac V (1979) Über die Konkurrenzfähigkeit des Indischen Springkrautes (Impatiens glandulifera Royle) am Fuldaufer bei Kassel. Phillipia 4:47–59

Levina RE (1957) Cposoby rasproctranenija plodov i semjan. = Materialy k poznaniju fauni i flory SSSR N. Moskau, S. 9

Marks PL (1974) The role of pin cherry (Prunus pensylvanica L.) in the maintenance of stability in Northern Hardwood Ecosystems. Ecol Monogr 44:73–88

Ødum G (1965) Germination of ancient seeds. Dansk Bot Arkiv 24(2):1–70

Porsild AE, Harington CR, Mulligan GA (1967) Lupinus arcticus Wats. Grown from seeds of pleistocene age. Science 158:113–114

Salzmann R (1954) Untersuchungen über die Lebensdauer von Unkrautsamen im Boden. Mitt f d Schweiz Landw 10(2):170–176

Sarukhán J (1974) Studied on plant demography: Ranunculus repens L., R.bulbosus L. and R. acris L. II. Reproductive strategies and seed population dynamics. J Ecol 62:151–177

Silvertown JW (1982) Introduction to plant population ecology. Longman, London

Thompson K (1978) The occurence of buried viable seeds in relation to environmental gradients. J Biogeogr 5:425–430

Thompson K, Bakker JP, Bekker RM (1997) The soil seed banks of North West Europe: methodology, density and longevity. Cambridge University Press, Cambridge

Uhl C, Clark K (1983) Seed ecology of selected Amazon basin successional species. Bot Gaz 144:419–425

Warwick MA (1984) Buried seeds in arable soils in Scotland. Weed Res 24:261–268

Whipple SA (1978) The relationship of buried, germinating seeds to vegetation in a old-growth Colorado subalpine forest. Canad Journ Bot 56:1505–1509

Whitmore TC (1969) Secondary succession from seed in tropical rain forests. Commonw Bureau Abstr 44:767–779

Young KR (1985) Deeply buried seeds in a tropical wet forest in Costa Rica. Biotropica 17(4):336–338

Kapitel 4
Telechorie – Fernausbreitung

4.1 Vegetative Ausbreitung

Oft bereitet es Schwierigkeiten, die Begriffe **vegetative Vermehrung** im Sinne von Fortpflanzung und **vegetative Ausbreitung** eindeutig zu trennen. Bei beidem handelt es sich um eine Trennung von vegetativen Teilen einer Pflanze, die der Reserve oder für Ruhezeiten dienen, und solchen für eine Ausbreitung.

Im Pflanzenreich begegnen uns vielfältige Möglichkeiten bzw. Notwendigkeiten für eine vegetative Ausbreitung.

Das Vorhandensein nur eines Geschlechts in einer Population bei zweihäusigen (diözischen) Arten
Beispiele bieten uns Vertreter der Hydrocharitaceae, deren Arten eingeschlechtige, zweihäusig verteilte Blüten aufweisen.

Elodea canadensis: Sie gelangte 1836 aus Nordamerika nach Irland. 1859 wurde sie in Berlin ausgesetzt. Von hier aus gelang es ihr sich innerhalb von etwa 20 Jahren in ganz Europa auszubreiten. Es handelt sich ausschließlich um Exemplare mit karpellaten („weiblichen") Blüten.

Hydrilla verticillata: Hydrilla ist eine ursprünglich altweltliche Pflanze, die nun auch im südöstlichen Nordamerika und Zentralamerika verbreitet ist. Die Art hat eingeschlechtige Blüten, die in zwei Formen auftreten:

- monözische Morphen, das heißt staminate und karpellate Blüten auf der gleichen Pflanze
- diözische Morphen mit entweder staminaten oder karpellaten Blüten

Stratiotes aloides: Die Pflanze besitzt eingeschlechtige, diözisch verteilte Blüten. Die Ausbreitung erfolgt nur vegetativ, da vielerorts nur ein Geschlecht (in Großbritannien nur weibliche Exemplare; andererseits nur Klone) vorkommt.

© Der/die Autor(en), exklusiv lizenziert an Springer-Verlag GmbH, DE, ein Teil von Springer Nature 2023
U. Hecker, *Ausbreitungsbiologie der Höheren Pflanzen*,
https://doi.org/10.1007/978-3-662-67415-4_4

Sterilität einer Pflanzensippe, bei der die generative Ausbreitung unmöglich ist

Acorus calamus: Die Pflanze ist seit dem 16. Jahrhundert aus Indien über Konstantinopel in Mitteleuropa (Prag 1557, Wien vor 1574) eingebürgert. Als triploide Klone sind sie bei uns steril. An fließenden und stehenden Gewässern erfolgt eine rein vegetative Ausbreitung.

Eichhornia crassipes: Aus dem tropischen Amerika wurde sie Ende des 19. Jahrhunderts ins südliche Nordamerika wie auch in Java, Australien SO-Asien und Afrika eingeschleppt. Meist sind die eingeschleppten Pflanzen steril, vermehren sich jedoch dermaßen stark vegetativ, dass es zu Behinderungen der Schifffahrt kommen kann.

Oxalis pes-caprae: Die Pflanze ist in Südafrika beheimatet, aber schon seit dem 18. Jahrhunder im Mittelmeergebiet eingeschleppt und weit verbreitet. Die Art besitzt drei verschiedene Typen von Blüten, die sich durch die unterschiedliche Länge der Frucht- und Staubblätter auszeichnen. Im Mittelmeergebiet sind nur Pflanzen mit einem Blütentyp existent, sodass es zu keiner Frucht- und Samenbildung kommen kann. Dennoch hat sich *Oxalis pes-caprae* stellenweise stark ausgebreitet, sodass im Frühjahr die gelbe Farbe gebietsweise landschaftsprägend sein kann. Ermöglicht wird die massenhafte Verbreitung durch die Ausbildung von Brutzwiebeln am Rhizom. Diese Brutzwiebeln werden durch Blindmäuse (Spalacidae) verbreitet, die die Bulbillen sammeln und sich unterirdische Depots anlegen. Pütz (1994) hat die Verankerung dieser Brutzwiebeln durch Wurzelkontraktion der Mutterpflanze ausführlich untersucht.

Vegetative Ausbreitung durch Sprossverzweigung und Absterben rückwärtiger Sprossabschnitte

Dieses Phänomen kennen wir bei Monokotylen der Gattungen *Butomus*, Convallaria, Polygonatum, *Iris*, den Poaceen *Elymus repens* und *Calamagrostis epigejos*. Die beiden Letzteren sind aufgrund der tiefen, reich verzweigten Ausläufer gefürchtete Unkräuter. Unter den Bambuseen haben zahlreiche Arten eine enorme Wüchsigkeit ihrer Rhizome.

Unter den Dikotylen gibt es zahlreiche Rhizompflanzen mit starker vegetativer Ausbreitung durch ihre Rhizome. Als Beispiele seien die Wasserpflanzen *Nuphar lutea, Nelumbo nucifera* und die Rhizompflanze *Anemone nemorosa* genannt.

Legehalme und Kriechsprosse

Der Kosmopolit *Phragmites australis* bildet im Wasser und in Feuchtgebieten dichte Bestände durch Ausläufer. Gelegentlich kommt es jedoch auch auf trockengefallenen Ufern von Gewässern zur Ausbildung von plagiotropen Legehalmen, die in einer Vegetationsperiode eine Länge von 20 m erreichen können. Diese sind zunächst unverzweigt, können dann jedoch an den Nodien orthotrope Sprosse bilden (Abb. 4.1a).

Kriechhalmbildung ist auch für die brasilianische *Lithachne horizontalis* charakteristisch, bei der neben den bis 30 cm hohen orthotropen Halmen über 1 m lange, plagiotrope, dem Erdboden aufliegende Halme gebildet werden, an denen sich auch Ährchen vorfinden (Abb. 4.1b, Abschn. 4.1).

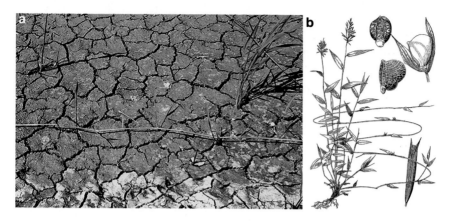

Abb. 4.1 a *Phragmites australis.* Legehalm (U. Hecker, Rheininsel Nonnenau bei Ginsheim, 20. Juli 1998). **b** *Lithachne horizontalis.* Pflanze mit Kriechhalm, der mit karpellaten (weiblichen), einfrüchtigen Ährchen besetzt ist. Oben: reife Früchte (Caryopsen), unten rechts: staminates Ährchen (aus Chase 1935)

Oberirdische Ausläufer

Die brasilianische Aracee *Philodendron bipinnatifidum* vermag mithilfe ihrer Luftwurzeln an Gehölzen bis 6 m hoch zu klettern. Die Blätter sind dabei rosettig angeordnet. Mitunter bilden die Pflanzen in Bodennähe meterlange plagiotrope Sprosse mit verlängerten Internodien und Niederblättern aus.

Mehrere *Rubus*-Arten wie *Rubus caesius* bilden im Laufe einer Vegetationsperiode mehrere Meter lange, dem Erdboden aufliegende oder bogig überhängende Sprosse, deren Spitzen am Erdboden ihr Längenwachstum einstellen und zum rosettigen Wuchs übergehen, sich bewurzeln und, dank späterer Isolierung, neue Pflanzen bilden. Auf diese Weise können innerhalb kürzester Zeit in einer Vegetationsperiode große Flächen besiedelt werden. *Rubus*-Arten gehören zu den gefürchtetsten invasiven Pflanzen.

Seitliche Ausläufer oder Stolonen

Diese können ober- oder unterirdisch gebildet werden. Sie haben meist nur eine geringe Anzahl von Internodien. Nach einer plagiotropen Wachstumsphase werden wieder orthotrope Sprosse oder, bei Rosettenpflanzen, neue Rosetten gebildet. Solche Stolonen mit nur einem Internodium von mehreren Zentimetern Länge begegnen uns bei *Saxifraga flagellaris* mit zirkumpolarer Verbreitung und mit 10 cm Länge bei *Androsace sarmentosa* aus Kaschmir. Am Ende wird stets eine neue Rosette gebildet.

Ausläufer mit zwei Internodien, an deren Ende wiederum eine Rosette gebildet wird, begegnen uns bei der Wald-Erdbeere *(Fragaria vesca)* aus Eurasien. Die Ausläufer können in einer Vegetationsperiode bis über 2,6 m lang werden, wobei oft zehn neue Individuen entstehen. Ähnliche Verhältnisse finden wir bei *Potentilla reptans,* bei der die Länge 1,5 m beträgt und zwölf neue Individuen heranwachsen.

Stolonen mit knollenförmigen Speicherorganen
Die Organe, die sich erst nach einer Ruhephase weiterentwickeln können, begegnen uns bei der Kartoffel *(Solanum tuberosum)* aus Südamerika und der Erdmandel *(Cyperus esculentus)* aus dem tropischen Ostafrika.

Ausläufer mit Schuppenknollen
Beispiele hierfür sind die eurasiatischen *Adoxa moschatellina* (Abb. 4.4g) und *Epilobium palustre*. Die unterirdischen, über 10 cm langen Ausläufer schließen ihr Wachstum mit einer von Niederblättern gebildeten Schuppenknolle ab.

Ausläufer mit Zwiebeln
Ein eindrucksvolles Beispiel liefert uns *Allium ampeloprasum* aus Südeuropa bis Iran.

Wurzelsprossbildung
Wurzelsprosse werden sowohl von krautigen Pflanzen als auch von Gehölzen gebildet. Bei der Acker-Kratzdistel *(Cirsium arvense)*, ein in Eurasien verbreitetes, gefürchtetes Ackerunkraut, treten häufig große, eingeschlechtige Populationen auf, die durch Wurzelsprosse verursacht sind. Die flächigen Bestände der europäischen *Euphorbia cyparissias* sind ebenfalls Folge starker Wurzelsprossbildung.

Unter den Gehölzen kennen wir Wurzelsprosse bei *Hippophaë rhamnoides*, *Prunus serotina*, *Prunus spinosa*, *Populus tremula* und *Robinia pseudoacacia*. *Prunus spinosa* vermag innerhalb kürzester Zeit große Bereiche zu besiedeln. Naturschutzpflegemaßnahmen werden dadurch sehr erschwert. Die aus dem östlichen Nordamerika stammende Robinie vermag sich durch eine starke Samenproduktion zusätzlich noch generativ rasch auszubreiten.

Pflanzenteile
Bei *Sedum stahlii* aus Mexiko lösen sich die sukkulenten Blätter schon bei leichten Erschütterungen vom Spross und fallen zu Boden. Dort können sie durch Regen ausgebreitet werden. Die Blätter bewurzeln sich leicht und bilden Sprossknospen.

Das ursprüngliche Areal der Bromeliacee *Tillandsia usneoides* reichte ursprünglich vom tropischen Südamerika bis nach Zentralamerika. Ihr heutiges Areal ist wesentlich größer und reicht nach Norden bis ins südöstliche Nordamerika. Wesentlich zur Verbreitung tragen Vögel bei, die Sprossteile als Nistmaterial verwenden (Kuhlmann und Kühn 1947).

Die aus dem Usambaragebirge Tansanias stammende Liane *Cyphostemma* (Syn. *Cissus) njegerre*, eine Vitacee, bildet kräftige Klettersprosse mit Ranken. Bisweilen stellt sie ihr Wachstum ein und bildet hängende, aus zwei bis drei verdickten und verkürzten Internodien bestehende, vegetative, laubblattlose Ausbreitungsorgane, die abfallen und eine neue Pflanze bilden können (Abb. 4.2).

Ganze Pflanzen
Die Vegetationskörper der Lemnaceen wie *Lemna*-Arten, *Spirodela polyrhiza* und *Wolffia arrhiza* haften durch Adhäsion im Federkleid von Wasservögeln und werden so auch über größere Distanzen ausgebreitet.

Abb. 4.2 *Cyphostemma njegerre.* Sukkulenter Sprossabschnitt

Turionen

Bei einigen Wasserpflanzen werden am Ende der Vegetationsperiode Winter-knospen oder Turionen gebildet. Unter Turionen (singular Turio) versteht man die endständigen Sprossabschnitte einer Wasserpflanze, die sich als Überdauerungs-organe von der Mutterpflanze lösen und auf den Grund der Gewässer sinken. Durch Wasserströmungen können sie, vor allem im Frühjahr beim Aufsteigen, aus-gebreitet werden. Bei den Turionen sind die Internodien stark gestaucht, sodass sie eine knospenartige Beschaffenheit annehmen. Solche Turionen kennen wir aus verschiedenen Verwandtschaftskreisen wie Potamogetonaceae (*Potamogeton*-Arten), Haloragaceae *(Myriophyllum)*, Hydrocharitaceae *(Hydrocharis,* Stratiotes) und Lentibulariaceae (*Utricularia*; Abb. 4.3).

Bulbillen

Weit verbreitet ist die Bildung spezifischer, sich loslösender Pflanzenteile mit einer klaren Ausbreitungsfunktion. Nicht alle Vertreter zeigen samenähnliche oder

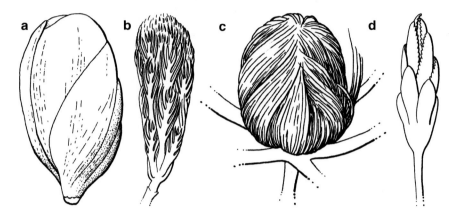

Abb. 4.3 Turionen. **a** *Hydrocharis morsus-ranae.* **b** *Myriophyllum verticillatum* (nach Hegi 1965, 2. Aufl. V, 2, S. 897, Abb. 2272d). **c** *Utricularia vulgaris.* **d** *Stratiotes aloides* (nach Hegi 1981, 3. Aufl. I, 2, S. 181, Abb. 181)

fruchtartige Beschaffenheit und machen auch – wie bei generativen Ausbreitungseinheiten – eine Ruhephase durch. Gemeinhin werden diese Ausbreitungseinheiten als Bulbillen bezeichnet, wenngleich sie unterschiedlicher morphologischer Natur sein können. Bevorzugt stehen sie im oder nahe des Blütenstandsbereichs.

Unter Bulbillen, abgeleitet von *bulbus* = Zwiebel, versteht man nach Wagenitz besonders gestaltete Knospen an oberirdischen Organen von Gefäßpflanzen, die abfallen und sich bewurzeln und damit der vegetativen Vermehrung dienen. Bulbillen können in Blattachseln, an den Blättern oder auch im Blütenstand sitzen.

Zwiebelbulbillen Das europäische *Lilium bulbiferum* hat neben normal ausgebildeten Blüten im Infloreszenzbereich achselständige Bulbillen im Bereich der Laubblätter. Beim ebenfalls europäischen *Allium vineale* ist die Anzahl der Blüten stark reduziert. Bisweilen besteht eine ursprüngliche Infloreszenz nur noch aus Bulbillen.

Achsenbulbillen Bei *Cardamine bulbifera,* einer europäischen Buchenwaldpflanze, werden in der Achsel von Laubblättern kugel- bis länglich eiförmige, dunkel gefärbte Bulbillen gebildet. An stark beschatteten Standorten können die Blütenstände nur noch wenige oder keine wohlausgebildete Blüten tragen, sodass eine Ausbreitung nur noch auf vegetativen Weg erfolgt (Abb. 4.4c).

Persicaria vivipara (Syn. *Polygonum viviparum, Bistorta vivipara*) eine arktisch-alpine Polygonacee mit zirkumpolarer Verbreitung, bildet im unteren Blütenstandsbereich in unterschiedlich großer Zahl, meist abhängig von der Höhenlage, Bulbillen aus, die von Vögeln wie Schneehühnern gefressen und ausgebreitet werden, indem diese sie oft intakt wieder ausscheiden.

Remusatia vivipara, eine Aracee aus Java, bildet Ausläufer, sogenannte Geißelsprosse, die, orthotrop ausgerichtet und laubblattlos, mit vielen kleinen Bulbillen besetzt sind. Diese Bulbillen haben kleine, schuppenförmige Blatt-

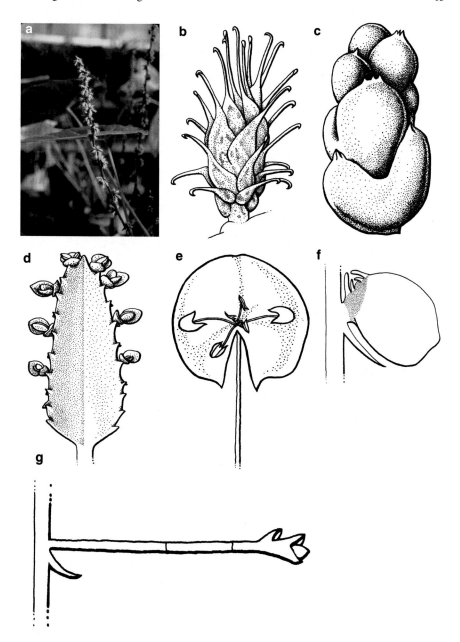

Abb. 4.4 Bulbillen. **a** Geißelspross. *Remusatia vivipara* (U. Hecker). **b** Geißelsprossbulbille. *Remusatia vivipara.* **c** Achsenbulbille. *Cardamine bulbifera* (nach Weber 1962). **d** Blattrandbulbille. *Bryophyllum daigremontianum* (nach Weber 1962). **e** Blattspreitenbulbille. *Nymphaea nouchali.* **f** Wurzelbulbille. *Ranunculus ficaria* (nach Troll 1973). **g** Schuppenknolle. *Adoxa moschatellina* (nach Hegi 1966, VI, 2, S. 92, Abb. 60)

organe, die in Widerhaken enden. Diese Bulbillen können dann epizoochor ausgebreitet werden (Abb. 4.4a, b).

Bei der in Nepal und von Indien bis Thailand heimischen Aracee *Remusatia
pumila* (Syn. *Gonatopus pumilus*) enden die Bulbillenblätter in langen Haaren,
sodass eine anemochore Ausbreitung möglich ist.

Bei den auf Madagaskar beheimateten Crassulaceen *Bryophyllum daigremontianum*
und *B. delagoense* (Syn. *B. tubiflorum*) bilden sich am Blattrand Bulbillen, die sich
schon auf der Mutterpflanze bewurzeln. Bei *B. daigremontianum* können Bulbillen am
gesamten, etwas gekerbten Blattrand, bei *B. delagoense* an den Blattspitzen gebildet
werden (Abb. 4.4d).

Nymphaea nouchali (syn *N. stellata*), verbreitet von Afghanistan über S- und
SO-Asien bis Australien, und *N. micrantha* aus Westafrika bilden schwimmende
Laubblätter im Grenzbereich von Blattstiel und Blattspreite Bulbillen, die schnell
wachsen, sich bewurzeln und beim Absterben und Ablösen des Mutterblatts von
der Pflanze durch Wasserbewegungen ausgebreitet werden (Abb. 4.4e). Ganz ähnlich verhält sich die nordamerikanische Saxifragacee *Tolmiea menziesii*.

Bulbillen werden nicht nur bei Samenpflanzen, sondern auch bei **Farnen**
gebildet. Beispiele sind *Cystopteris bulbifera, Asplenium daucifolium* (Syn. *A.
viviparum*) und *Woodwardia radicans*. Bei *Cystopteris* und *Asplenium* erfolgt die
Bulbillenbildung nahezu auf der gesamten Blattspreite, bei *Woodwardia* nur am
Spreitenende.

Wurzelbulbillen Sie begegnen uns bei *Ranunculus ficaria* ssp. *bulbifer* (Syn.
Ficaria verna ssp. *bulbifer*). Im Unterschied zu Zwiebelbulbillen wie bei
Lilium bulbiferum und Achselbulbillen wie bei *Cardamine bulbifera* besteht bei
Wurzelbulbillen der überwiegende Teil der Bulbille aus Wurzelanteil (Abb. 4.4f).

Knollenartige Bulbillen *Dioscorea bulbifera,* die Yamswurzel, ursprünglich im
tropischen Asien und Afrika verbreitet, ist eine wichtige tropische Nutzpflanze, die
Knollen nicht nur im Erdboden, sondern auch in den Blattachseln der windenden
Sprosse bildet.

Pseudoviviparie

> **Übersicht**
> Begriffsbildung: Potonié (1894). Hier werden Brutsprosse in der Blüten-
> standsregion neben normalen Blüten gebildet; zurückgehend auf Linné
> (1753).
>   lat. *viviparus* = lebende Junge gebärend

Pseudoviviparie begegnet uns vor allem bei Monokotylen und hier wiederum bei
Poaceen. Bei *Poa bulbosa* var. *vivipara* und *Poa alpina* var. *vivipara* werden im

Abb. 4.5 *Poa alpina* var. *vivipara*. **Links:** Pseudoviviparie eines blühenden Triebs. **Rechts:** bulbillentragender Blütenstand. Vergrößert: Ährchen mit sprossender Bulbille. (Aus Troll 1973)

Infloreszenzbereich Ährchen zu Laubsprossen umgebildet. Hierbei handelt es sich um echte Zwiebelbildungen, die durch den Wind verbreitet werden (Abb. 4.5).

Ähnliche Erscheinungen finden wir bei *Agave*-Arten, so bei *Agave sisalana*. Ebenso wie bei *Poa bulbosa* werden im ursprünglich als Infloreszenz angelegten Sprossabschnitt oft nur noch Bulbillen gebildet.

Auch bei der südostasiatischen Zingiberaceengattung *Globba* werden bei manchen Arten im Infloreszenzbereich kaum Blüten, sondern vorwiegend Bulbillen gebildet.

Alpinia purpurata bildet Sprosse, die aus der Infloreszenz auswachsen und sich ablösen.

4.2   Generative Ausbreitung

4.2.1   Zeitliche und räumliche Bereitstellung

Räumliche Bereitstellung Eine räumliche Bereitstellung können wir durch die postflorale Streckung der Fruchtstiele bei *Pulsatilla vulgaris* und *Anemone sylvestris* deutlich sehen. Ganz ähnlich verhält es sich bei *Tussilago farfara* und *Petasites hybridus*, zwei mitteleuropäische Asteraceen, bei denen postfloral eine starke Streckung der Infloreszenzachse erfolgt. Luftströmungen können so effizienter zur Ausbreitung beitragen.

Interessant ist die Ausrichtung des Fruchtstiels bei verschiedenen krautigen Pflanzen. Bei *Viola tricolor* sind die Früchte postfloral zunächst nach unten gerichtet. Vor der Dehiszenz richten sie sich auf, sodass die Samen optimal weggeschleudert werden können. Bei der annuellen südamerikanischen *Portulaca grandiflora* sind die Blütenstiele präfloral nach unten, floral nach oben, postfloral nach unten und zur Samenreife wieder senkrecht nach oben gerichtet. Eine Umorientierung der Blütenachsen vom floralen zum postfloralen Zustand finden wir bei *Fritillaria*-Arten.

Ganz anders liegen die Verhältnisse bei *Eichhornia crassipes*, wo nach Ende der Anthese die Infloreszenzachsen sich nach unten, also ins Wasser neigen.

Bei zahlreichen Gehölzen, deren Früchte anemochor verbreitet werden, befördert der Laubfall eine Exposition der Früchte und eine bessere Angriffsmöglichkeit durch den Wind wie bei *Acer*-Arten und *Liriodendron tulipifera* ist gegeben.

Zeitliche Bereitstellung Die Ausbreitung kann grundsätzlich zu allen Jahreszeiten erfolgen. In der Regel fallen Blüte, Samenreife und Ausbreitung in dieselbe Vegetationsperiode. Ausnahmen in der mitteleuropäischen Flora sind die im Spätjahr blühenden *Colchicum*-Arten, *Hedera helix* und *Cyclamen*-Arten wie *C. purpurascens* und *C. hederifolium*. Auch bei den herbstblütigen *Crocus*-Arten aus Südosteuropa und Kleinasien oder der nordamerikanischen *Hamamelis virginiana* reifen die Früchte erst in der kommenden Vegetationsperiode. Bei *Pinus sylvestris* erfolgt die Befruchtung der Samenanlagen erst im folgenden Jahr und bis zur Samenreife vergeht ein weiteres Jahr.

4.2.2   Steherphänomen – Bradysporie

Übersicht
Begriffsbildung: Sernander (1901)
    griech. *bradys* = langsam, träge; *sporos* = Same

Die überaus meisten Pflanzen entlassen ihre Ausbreitungseinheiten nach der Reife (Tachysporie). Mitunter kommt es jedoch zu einer mehr oder weniger langen zeitlichen Verzögerung. Zwischen Samenreife und Ausbreitung können unterschiedlich große Zeiträume liegen. Wir sprechen bei größerer zeitlicher Verzögerung vom **Steherphänomen**. Unterscheiden können wir dabei Sommer- und Wintersteher.

4.2.2.1 Sommersteher – Aestatiophoren

Übersicht
Begriffsbildung: Murbeck (1919), Zohary (1937)
abgeleitet von *aestas, aestatis* = Sommer; *phora* = tragen

Bei einer Reihe von krautigen Pflanzen bleiben die Samen mehr oder weniger obligat nach der Reife den Sommer über bis zum Herbst in den geschlossen bleibenden Früchten. Beispiele solcher Sommersteher sind die Brassicaceen *Carrichtera annua*, Hirschfeldia incana, Lunaria *annua* und *Malcolmia*-Arten. Die einsamigen Schließfrüchte von *Isatis tinctoria* (Abb. 4.6), ebenfalls eine Brassicacee, bleiben nach der Samenreife noch über den Sommer hinweg an den intakten Fruchtständen und lösen sich erst im Herbst von der Pflanze.

Auch bei den Apiaceen *Smyrnium perfoliatum*, *Chaerophyllum*-Arten und *Conium maculatum* bleiben die reifen Früchte noch lange an der Mutterpflanze. Bei einigen Apiaceen lösen sich die reifen Merikarpien vom Gynophor, fallen jedoch nicht zu Boden, sondern in ein „Körbchen", das von den sich zusammenneigenden Döldchenstielen gebildet wird. Wie bei *Daucus carota* und *Ammi visnaga* (Abb. 4.7) können mehr oder weniger viele Teilfrüchte über Monate in diesem Behältnis verharren.

Aber auch in anderen Verwandtschaftskreisen – bei Linaceen *(Linum strictum)*, Scrophulariaceen *(Verbascum)*, Asteraceen *(Koelpinia linearis, Rhagadiolus stellatus)* und Poaceen *(Phleum arenarium*, Sclerochloa dura) – begegnet uns das Phänomen. Bei der kleinen Frühjahrsannuellen *Veronica triphyllos* kann man die geschlossen bleibenden Früchte noch über den Sommer hinweg an den bereits abgestorbenen Pflanzen beobachten. Es ist sicher kein Zufall, dass es sich vorwiegend um Pflanzen von Trockenstandorten handelt und die Ausbreitung – wie auch immer – mit dem Beginn der humiden Jahreszeit zusammenfällt.

Partielle Sommersteher begegnen uns bei Papaveraceen wie *Dicranostigma franchetianum* (Abb. 4.8a).

Die Kapseln öffnen sich nur im distalen Teil und entlassen hier die Samen, während die des unteren Teils in der Frucht verbleiben. Auch die Kapselfrüchte der Papaveraceen *Glaucium* und *Roemeria* dehiszieren nur im distalen Teil, sodass noch zahlreiche Samen im unteren Teil der Frucht verbleiben. Ganz anders liegen

Abb. 4.6 *Isatis tinctoria.* Sommersteher (U. Hecker, 26. Juli 1978)

Abb. 4.7 Sommersteher, Fruchtstand. **a** *Daucus carota*. **b** *Ammi visnaga* (U. Hecker, 19. Oktober 1978)

Abb. 4.8 **a** *Dicranostigma franchetianum.* Distal dehiszierte Frucht. **b** *Corydalis sempervirens.* Basal dehiszierte Frucht

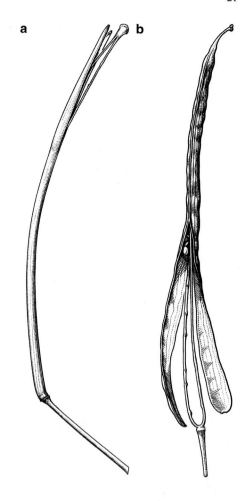

die Verhältnisse bei der Papaveracee *Corydalis sempervirens.* Hier dehiszieren die Schoten nur im basalen Teil (Abb. 4.8b).

Bei Poaceen können sich die Fruchtstände zerteilen, sodass nicht alle Ausbreitungseinheiten an der Pflanze verbleiben, sondern nur die im unteren Teil der Infrukteszenz befindlichen, so bei *Hordeum bulbosum* und *Phalaris aquatica.*

Die Dissemination der Sommersteher erfolgt in den Trockengebieten in der Regel zu Beginn der Herbst- und Winterregen. Unmittelbar darauf erfolgt dann die Keimung.

4.2.2.2 Wintersteher – Hiemophoren

Übersicht
Begriffsbildung: Sernander (1901)
   lat. *hiemalis* = winterlich

Der Begriff bezeichnet Pflanzen des gemäßigten Klimas, bei denen die Diasporen erst im Frühjahr ausgebreitet werden.

Wintersteher begegnen uns häufig bei anemochoren Gehölzen. Bei *Clematis vitalba* enthalten die abgestorbenen Fruchtstände mehr oder weniger vollzählig die mit einem federartigen Griffel versehenen Nüsschen über den Winter hinweg bis zum April. Bei der Gattung *Platanus* bleiben die kugelförmigen Fruchtstände den Winter über am Baum, bis sich die Fruchtstandsachsen zerfasernd auflösen und die Fruchtstände zu Boden fallen. Bei *Fraxinus*-Arten und dem amerikanischen *Acer negundo* bleiben die Früchte nicht selten über die Blütezeit des nächsten Jahres hinaus am Baum und sind voll keimfähig (Abb. 4.9).

Der in Mitteleuropa reich fruchtenden Trompetenbäumen *(Catalpa)* ist bis zum Blattaustrieb im Mai dicht mit ungeöffneten Früchten behangen. Beim Goldregen *(Laburnum anagyroides)* sind die Zweige bis zum Spätwinter oder Frühjahr dicht mit geöffneten, samentragenden Hülsen besetzt. Bei *Robinia pseudoacacia*

Abb. 4.9 *Acer negundo.* Wintersteher. Vorjährige und diesjährige Früchte (U. Hecker, 28. April 1979)

(Abb. 4.10) öffnen sich die Hülsen oft erst im Mai (was man an warmen und trockenen Tagen als Knistern hören kann).

Die Samen fallen in der Regel jedoch noch nicht ab, sondern bleiben an den Hülsenhälften haften, mit denen sie dann vom Wind verbreitet werden. Beim amerikanischen Geweihbaum *(Gymnocladus dioicus)* sind im Frühjahr oder Frühsommer noch sehr viele der im Vorjahr gebildeten Hülsen am Baum. Wintersteher sind auch die beiden Arten der Gattung *Euptelea* aus Ostasien oder die nordamerikanische *Ptelea trifoliata.* Die in Mitteleuropa reich fruchtenden Bäume von *Ailanthus altissima, Tilia-* und *Acer-*Arten behalten zumindest einen Teil ihrer Früchte bis in den Winter oder darüber hinaus am Baum, bis sie durch starke Winde, die aus unterschiedlichen Richtungen wehen, abgelöst werden.

Die Früchte von *Ligustrum vulgare* werden nach ihrer Reife von heimischen Vögeln nur sehr zögerlich verzehrt. In Mitteleuropa verschmähen heimische Vögel die roten Früchte von *Viburnum betulifolium* aus China. Kommen jedoch

Abb. 4.10 *Robinia pseudoacacia.* Wintersteher (U. Hecker, 5. Mai 2005)

in strengen Wintern Wintergäste wie Seidenschwänze *(Bombycilla garrulus)*, sind die Früchte oft innerhalb weniger Stunden restlos verzehrt.

Bei einigen *Pinus*-Arten öffnen sich nicht alle Zapfen nach der Reife. Bei zwei Unterarten der Drehkiefer oder Lodgepole Pine (*Pinus contorta* ssp. *latifolia* und ssp. *murrayana*) aus dem pazifischen Nordamerika bleiben die Zapfen teilweise über Monate oder Jahre (!) hinweg geschlossen (Abb. 4.11).

Ähnlich verhält sich *Pinus banksiana*, bei der die meisten Zapfen geschlossen bleiben und deren Zweige daher dicht mit Zapfen unterschiedlichen Alters bekleidet sein können.

Auch bei den im pazifischen Nordamerika beheimateten *Pinus attenuata, P. muricata* und *P. radiata* können die Zapfen mitunter Jahrzehnte geschlossen bleiben, ohne dass die Samen – wie bei Kiefern allgemein üblich – nach zwei bis fünf Jahren ihre Keimfähigkeit verlieren. Während die Keimfähigkeit unter künst- lichen Bedingungen in forstlichen Samenbanken bis auf 15 Jahre ausgedehnt werden kann, behalten die Samen in den geschlossen bleibenden Zapfen der eben erwähnten Arten ihr Keimfähigkeit bis zu 20 oder gar 40 Jahren. Ihre Zapfen öffnen sich meist nicht nach Austrocknung, wie wir das von der heimischen *Pinus sylvestris* her kennen, sondern erst nach Einwirkung von Feuer (Abschn. 4.5.6). Bleiben die Zapfen ungeöffnet über Jahrzehnte erhalten, können sie mit- unter in die sich verdickenden Stämme oder Zweige einwachsen.

Auch bei der australischen Proteacee *Hakea* können bei manchen Arten die stark verholzten Früchte über Jahrzehnte ungeöffnet an der Pflanze verbleiben und öffnen sich oft erst nach Bränden (Abb. 4.158).

Grevillea-Arten sind in viele Teile der Erde, so auch in Südafrika, ein- geschleppt worden und stellen eine Bedrohung der indigenen Flora dar. In Unkenntnis der Ausbreitungsbiologie hat man versucht, der Plage durch Ver-

Abb. 4.11 *Pinus contorta.* Geöffnete und geschlossen bleibender Zapfen (U. Hecker)

brennen der Bestände Herr zu werden. Die Ergebnisse waren entsprechend negativ.

Aber auch krautige Pflanzen aus Feuchtgebieten zeigen das Steherphänomen. So verbleiben bei *Phragmites australis* die Fruchtstände am Halm und die anemochore Ausbreitung der im Herbst ausgereiften Früchte findet erst im Frühjahr statt.

4.3 Ausbreitungseinheiten

Übersicht

Begriffsbildung: Diaspore: Eingeführt wurde der Begriff von Sernander (1927). Er ist abgeleitet von griech. *diaspeiro* = ich werfe herum, ich säe aus. Andere Begriffe sind Verbreitungseinheit (Vogler 1901b), *disseminule, dispersal unit* und *propagule*.

Vogler: „Bei meinen morphologischen Untersuchungen berücksichtige ich im Hinblick auf den biologischen Zweck meiner Arbeit in erster Linie die **Verbreitungseinheit,** d. h. also bei Schließfrüchten die Frucht, bei Springfrüchten die Samen."

Sernander: „Eine Diaspore besteht aus dem Keim oder den Keimen und dem begleitenden Organkomplex, welche eine Pflanze im Dienste der Propagation abtrennt."

Kirchner, Loew und Schroeter (1906a): „Jedes von der Mutterpflanze abgetrennte, der Vermehrung dienende Organ, welches dem passiven Transport zum Zweck der Verbreitung unterliegt; es kann ein Same, eine Frucht oder eine Teilfrucht oder auch ein vegetativer Vermehrungsspross sein."

Unabhängig von seiner morphologischen Wertigkeit bezeichnen wir den Teil einer Pflanze, der ausgebreitet wird, als die **Ausbreitungseinheit** oder **Diaspore.**

Diaspore ist ein ökologischer Begriff. Morphologisch können Diasporen äußerst unterschiedliche Gebilde darstellen.

4.3.1 Embryo

Ein Embryo ist die kleinste mögliche Ausbreitungseinheit und kleiner als ein Samen. Bei manchen südafrikanischen *Oxalis*-Arten wird der Embryo aus der Testa heraus fortgeschleudert (Abb. 4.12).

Bei manchen Mangrovepflanzen wie *Rhizophora mangle* (Abb. 4.13a) oder *Aegiceras corniculatum* wird der Embryo sogar ohne die Kotyledonen verbreitet (Abb. 4.13b).

Abb. 4.12 *Oxalis*. Embryo
(Nach Stopp 1958)

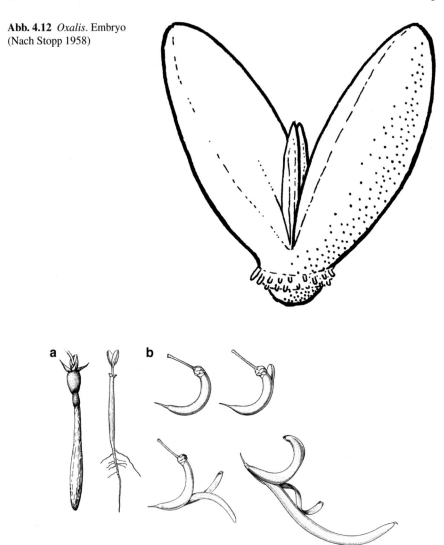

Abb. 4.13 a *Rhizophora mangle*. Embryo und sich entwickelnder Embryo. **b** *Aegiceras corniculatum*. Frucht

Auch bei der marinen Hydrocharitacee *Enhalus acoroides*, beheimatet an den Küsten des Indischen und westlichen Pazifischen Ozeans, werden die Embryonen aus den Früchten ohne Testa ins Meer entlassen.

4.3.2 Samen

Bei den Angiospermen sind die Samen vom Perikarp, der Fruchtwand, umschlossen. Bei den Springfrüchten müssen die Samen nach der Fruchtreife erst frei werden. Die Art und Weise der Fruchtöffnung ohne äußere Einwirkung bezeichnen wir als **Dehiszenz**.

Bei zur Zeit der Samenreife turgeszenten Früchten erfolgt die Öffnung durch unterschiedlich hohe Turgorkräfte in äußeren und inneren Perikarpschichten („Schwachstellen"). Beispiele finden wir bei den Gattungen *Impatiens* und *Cyclanthera* (Abschn. 4.4.2).

Bei trockenen Springfrüchten geschieht die Öffnung der Fruchtwand aufgrund hygroskopischer Spannungen beim Austrocknen der Fruchtwand. Meist öffnen sich die Früchte nach der Austrocknung (Xerochasie). In Ausnahmen öffnen sich ausgetrocknete Früchte nur bei erneuter Benetzung (Hygrochasie, Abschn. 5.1).

Eine Dehiszenz erfolgt nicht nur zur Zeit der Samenreife, sondern, wie bei manchen Schließfrüchten, auch bei der Keimung. Zu diesem Zeitpunkt werden manche Öffnungsmechanismen wirksam, zum Beispiel die Deckel bei *Hippuris* (Plantaginaceae).

Bei einigen Angiospermen kommt es **lange vor der Samenreife** zu einer **Dehiszenz**. Beispiele kennen wir bei den Gattungen *Anchietea* (Violaceae), *Cuphea* (Lythraceae), *Cuscuta* (Convolvulaceae), *Reseda* und *Caylusea* (Resedaceae), *Hymenocallis* (Amaryllidaceae) und *Mitella pentandra* (Saxifragaceae). Bei *Reseda* kann man das Heranreifen der Samenanlagen am distalen Fruchtende sehr gut mit bloßem Auge beobachten. Die mitteleuropäische *Cuscuta stenoloba* hat einen oben offenen, zweifächerigen Fruchtknoten, bei dem schon floral die vier Samenanlagen sichtbar sind. Auch bei *Mitella pentandra* aus Nordamerika kann man schon lange vor der Reife in die geöffnete Frucht sehen und die Samen betrachten (Abb. 4.14).

Bei *Anchietea* aus dem tropischen Südamerika erfolgt wie bei *Reseda* schon postfloral die Fruchtöffnung. Die geöffneten Klappen wachsen dann weiter, die Samen liegen frei. Bei *Saxifraga cymbalaria* erfolgt die Dehiszenz im turgeszenten Zustand der Frucht. Erst nach der Öffnung erfolgt die Austrocknung.

Ein sehr schönes Beispiel bietet uns die amerikanische Amaryllidacee *Hymenocallis*, wo die chlorophyllhaltigen Samenschalen der völlig frei heranreifenden Samen einzelne Früchte vortäuschen können (Abb. 4.15).

Bei *Gymnospermium albertii*, einer Berberidacee, öffnen sich die Kapseln schon sehr zeitig am distalen Ende. Ebenfalls zu den Berberidaceen gehörig ist *Caulophyllum thalictroides*, bei der die beiden heranwachsenden Samen lange vor der Fruchtreife durch die geöffnete Frucht sichtbar sind. Die aus dem tropischen Westafrika stammende Dioncophyllaceae *Triphyophyllum peltatum* öffnen sich ebenfalls sehr zeitig. Die freiliegenden, 5–12 cm großen Samen sind gut zu erkennen und schließlich größer als die Frucht!

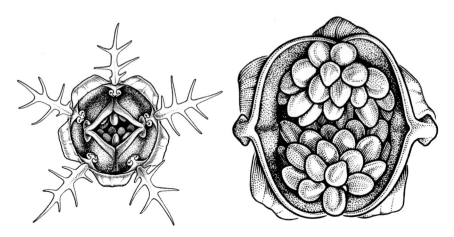

Abb. 4.14 *Mitella pentandra.* Vorzeitige Dehiszenz

Abb. 4.15 *Hymenocallis caribaea.* Vorzeitige Dehiszenz (U. Hecker, Jamaika, 15. Februar 1981)

Die Verhinderung einer Dehiszenz war vorrangiges Zuchtziel bei einigen Kulturpflanzen wie Lein *(Linum usitatissimum),* Raps *(Brassica napus)*, Sojabohne *(Glycine max)* und Mohn *(Papaver somniferum,* Abb. 4.16). Heute werden von diesen Arten feldmäßig nur indehiszente Rassen angebaut.

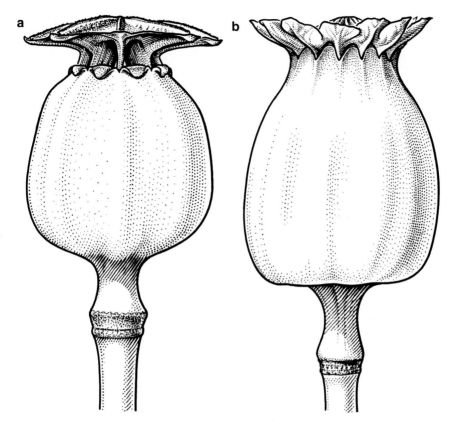

Abb. 4.16 *Papaver somniferum.* Dehiszente (**a**) und indehiszente (**b**) Kapsel

4.3.2.1 Dehiszenzformen

4.3.2.1.1 Trennung von Gewebepartien verschiedener Organe an ihren
Verwachsungsstellen

Septizidie

Begriffsbildung: Der Begriff geht wohl auf Richard (1808) zurück.

Eine Septizidie ist nur bei einem coenokarpen Gynoeceum möglich. Hier
öffnen sich Kapseln durch Längsaufspaltung der Scheidewände, sodass sich die
Karpelle voneinander lösen (Abb. 4.17a). Bei einem parakarpen Gynoeceum ist
dadurch direkt eine Samenentlassung möglich (Abb. 4.17b). Bei einem synkarpen

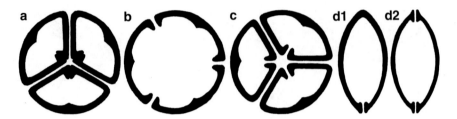

Abb. 4.17 Schema der Öffnungsweise von Kapseln. **a** Septizid-synkarpe Kapsel. **b** Septizid-parakarpe Kapsel. **c** Septizid-ventrizide Kapsel. **d** Öffnung eines Karpells: 1 einseitig ventral (Balg), 2 zweiseitig ventral und dorsal (Hülse). (Nach Stopp 1950b)

Gynoeceum erfolgt hingegen noch keine Samenentlassung (Abb. 4.24), diese findet hingegen bei einer septizid-ventriziden Kapsel statt (Abb. 4.17c). Beispiele für die Trennung der Karpelle und den Abbruch sind die Spaltfrüchte der *Acer*-Arten, viele Apiaceen, unter den Rubiaceen die *Galium*-Arten sowie bei den Aizoaceen die Gattungen *Apatesia*, *Herrera* und *Hymenogyne*.

Ventrizidie
Der Begriff bezieht sich ausschließlich auf folgende Öffnungen eines Karpells:

- ventrale Öffnung: Beispiele sind die Bälge der Ranunculaceen und Paeoniaceen (Abb. 4.17d1).
- ventrale und dorsale Öffnung: Beispiele sind die Hülsen der Fabaceen (Abb. 4.17d2).
- Öffnung der sich durch Septizidie „isolierenden" Karpelle einer coenosynkarpen Frucht: Solche septizid-ventrizid dehiszierenden Früchte weisen *Colchicum*- und *Veratrum*-Arten auf (Abb. 4.17c).

4.3.2.1.2 Gewebespaltungen im Bereich der Karpelllamina

Lokulizidie
Der Begriff bezeichnet Spaltungen in den freien, nach außen gelegenen Teilen coenokarper Früchte. Diese Spaltungen erfolgen meist median in Längsrichtung der Karpelle. Beispiele finden sich bei *Iris*, *Paulownia*, der Gesneriacee *Streptocarpus* und bei *Viola* (Abb. 4.20b

Ventrizid-lokulizid dehiszierende Früchte begegnen uns bei Hülsen sowie den Liliaceen *Tulipa* und *Fritillaria* (Abb. 4.20b).

Porizidie

Begriffsbildung: Winkler (1941) prägte den Begriff Lochkapsel (Fenster- oder Porenkapsel).

Porizide Kapseln öffnen sich an irgendeiner meist definierten Stelle durch ein oder mehrere kleine Geweberisse oder Klappen, die durch einen u-förmigen Spalt auf den Karpelllamina entstehen. Beispiele bieten die Gattungen *Campanula* (Abb. 4.45), *Papaver* (Abb. 4.16) und *Begonia* (Abb. 4.51). Die Öffnung erfolgt morphologisch basal. Da die Kapseln jedoch oft hängen (Hängekapseln) öffnen sie sich oben (Abschn. 4.5.2).

Deckelkapsel (Pyxidium)

> Begriffsbildung: Der Begriff geht auf Ehrhart (1790) zurück, der ihn für die Deckelkapseln der Angiospermen und die Mooskapseln anwandte.

Darunter verstehen wir eine Kapsel, die an einer präformierten Stelle mit einem ringförmigen (circumscissilen) Riss einen Deckel absprengt. Sehr schöne Beispiele finden wir bei den Gattungen *Anagallis* (Abb. 4.18) und *Cyclamen* (Primulaceae), *Cuscuta* (Convolvulaceae), *Hyoscyamus* (Solanaceae) und *Plantago*. Auch bei den hinterindisch-malesischen Gesneriaceengattungen *Epithema* und *Stauranthera* hat A. Weber Deckelkapseln gefunden.

Bei der Plantaginacee *Kickxia* finden wir zwei Deckel, die sich nicht vollständig ablösen (Abb. 4.19). Das Erscheinungsbild ist ähnlich der Brassicacee *Cochlearia*.

Septifragie

> Begriffsbildung: Richard (1808)

Von Septifragie sprechen wir, wenn sich die Dehiszenzlinien an kryptischen Karpellteilen vorfinden. Sie kommt nur bei einem coenosynkarpen Gynoeceum vor. Es handelt sich um eine Spaltung verwachsener Laminateile zweier Karpelle (Abb. 4.20).

Abb. 4.18 *Anagallis arvensis.* Deckelkapsel

Abb. 4.19 *Kickxia elatine*.
Porizide Kapsel. (Nach
Winkler 1940)

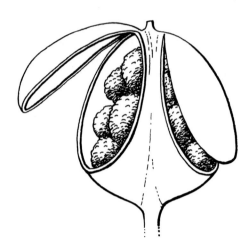

4.3.2.2 Samen mit Anhangsgebilden

Die Anhangsgebilde eines Samens können unterschiedlicher morphologischer
Natur sein.

Arillusbildungen

> Begriffsbildung: Linné (1751) verstand darunter die gesamte Samenschale.
> Gaertner (1788) verdanken wir die noch heute gebräuchliche Bedeutung.

Unter einem Arillus verstehen wir einen Samenmantel, das heißt eine fleischige
Hülle, die einen Samen völlig oder zum Teil umhüllt (Abschn. 4.5.3.5.7)
Augenfällige Arillusbildungen kennen wir von *Taxus*, *Euonymus*- und *Acacia*-
Arten (Abb. 4.141 und 4.142).

Elaiosomen

> Begriffsbildung: Sernander (1906)

Ein Elaiosom oder Ölkörper ist ein Samenanhangsgebilde, das Nährstoffe,
vor allem Fette, enthält und von Ameisen verzehrt wird. Im Abschnitt über
die Myrmekochorie (Abschn. 4.5.3.5.7) wird genauer darauf eingegangen.
Elaiosomen können auch an anderen Ausbreitungseinheiten wie Klausen oder
Achänen vorkommen.

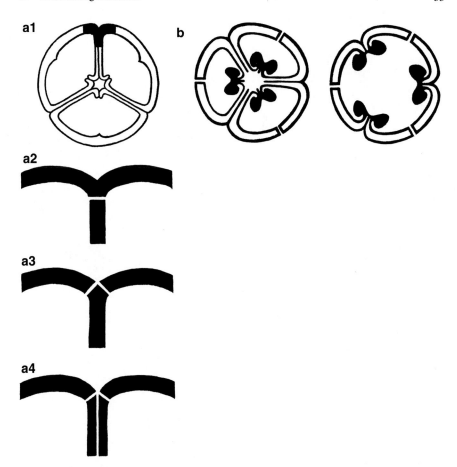

Abb. 4.20 a Schema der Septifragie. 1 Septifrage Kapsel, 2 *Bergia* (Elatinaceae), 3 *Toona* (Meliaceae), 4 *Cardiospermum* (Sapindaceae) (nach Stopp 1950). **b** Schema der Lokulizidie (nach Weber 1962)

Caruncula

Begriffsbildung: Der Begriff in der Botanik geht auf Mirbel (1815) zurück.

Eine Caruncula, Samenwarze oder Samenschwiele, ist ein Anhangsgebilde, das als Auswuchs des äußeren Integuments hervorgeht. Carunculabildungen treffen wir in gut sichtbarer Ausprägung bei Euphorbiaceen wie *Euphorbia*-Arten und *Ricinus communis* (Abb. 4.21) an.

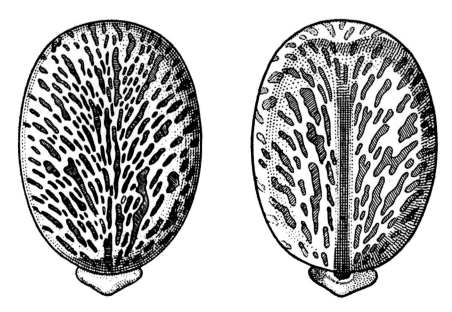

Abb. 4.21 *Ricinus communis*. Samen mit Caruncula, dorsal und ventral. (Aus Troll 1954)

4.3.3 Fruchtteile

4.3.3.1 Bruch- oder Gliederfrüchte

Im Unterschied zu den Merikarpien der Spaltfrüchte (Abschn. 4.3.3.2) sind die Ausbreitungseinheiten kleiner als ein Karpell.

Gliederhülsen

Begriffsbildung: Der Begriff geht wohl auf Willdenow (1792) zurück.

Der Bruch erfolgt senkrecht zur Längsachse der Frucht. Eine Gliederhülse (Lomentum) zerfällt bei der Reife in einsamige Teilfrüchte. Innerhalb der Fabaceen treten Gliederhülsen zum Beispiel bei den Gattungen *Aeschynomene*, *Alysicarpus*, *Chapmannia*, *Coronilla*, Desmodium, *Nissolia*, *Ornithopus* und *Zornia* auf (Abb. 4.22).

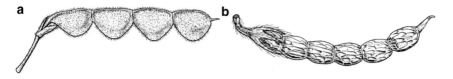

Abb. 4.22 Gliederhülse. **a** *Desmodium canadense*. **b** *Ornithopus sativus*

Rahmenhülsen

> Begriffsbildung: Der Begriff wurde von Beck (1891) geprägt.

Bei einer Rahmenhülse (Craspedium, abgeleitet von griech. *kraspedon* = Rand, Saum) lösen sich einsamige Fruchtabschnitte aus einem stehenbleibenden Rahmen. Sehr schöne Beispiele finden wir bei den Fabaceengattungen *Entada (abyssinica)* und *Mimosa (pudica)* (Abb. 4.23).

Klausen

> Begriffsbildung: Der Begriff wurde von Nees von Esenbeck (1821) geprägt.
> Definition nach Wagenitz 2003.

Unter einer Klause versteht man eine Teilfrucht, die dadurch entsteht, dass aus einem Karpell durch Vorwölbungen zwei Teile gebildet werden, die je einen Samen einschließen. Klausenfrüchte sind die typischen Fruchtbildungen bei Lamiaceen und Boraginaceen. Nicht verbreitet werden die medianen Teile der Karpelle, die Plazenten und Griffel (Abb. 4.24).

Gliederschoten

> Begriffsbildung: Definition Beck (1891)

Unter einer Gliederschote (Bilomentum) verstehen wir eine Schote, die quer zur Längsachse in meist einsamige Teile zerfällt. Innerhalb der Brassicaceae finden wir Gliederschoten bei den Gattungen *Erucaria* und *Raphanus* (Abb. 4.25).

Rahmenschoten

Die Brassicacee *Chorispora tenella* ist verbreitet von SO-Europa bis zur Mongolei. Sie bildet Früchte, bei denen einsamige Fruchtteile aus einem

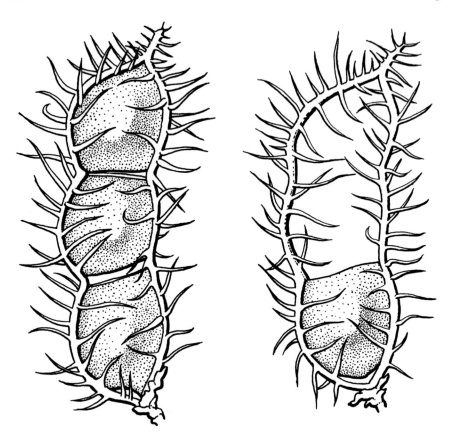

Abb. 4.23 *Mimosa pudica.* Rahmenhülse (Nach Stopp 1950)

stehenbleibenden Rahmen herausfallen. Ein ähnliches Verhalten zeigt uns die Cleomacee *Dactylaena micrantha* (Abb. 4.26).

Spaltschoten

Bei der europäischen Brassicaceae *Biscutella laevigata* zerfallen die Früchte zur Reife in zwei einsamige, fast kreisrunde, geschlossen bleibende Fruchthälften (Abb. 4.27).

Fruchtteile bei Malva-Arten

Beim Zerfall der Frucht bleiben die Karpellränder, die Mittelsäule (Columella), Griffel und Narbe zurück. Ausgebreitet werden einsamige, geschlossen bleibende Fruchtteile.

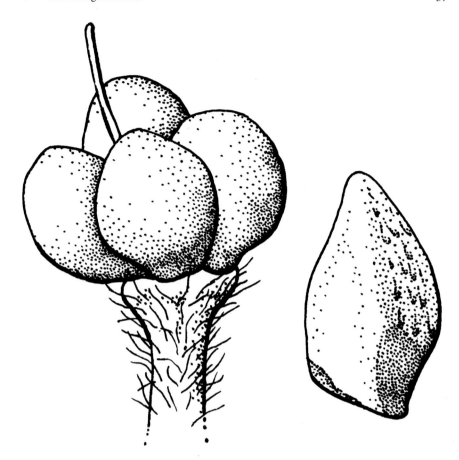

Abb. 4.24 *Lithospermum officinale.* Vier junge Klausen; reife Klause. (Nach Wettstein 1935)

4.3.3.2 Spaltfrüchte (Schizokarpien)

Begriffsbildung: Der Begriff stammt von Schleiden (1846).

Wir verstehen darunter einsamige Teilfrüchte (Merikarpien), die durch Septizidie isoliert werden und sich loslösen. Spaltfrüchte begegnen uns bei der Gattung *Acer* (Abb. 4.28), bei Apiaceen *(Carum)*, Rubiaceen (*Galium*-Arten) sowie bei den Aizoaceen *Apatesia*, *Herrea* und *Hymenogyne*.

4.3.3.3 Einzelne Karpidien

Beim chorikarpen (apokarpen) Gynoeceum bleiben die einzelnen Karpelle oder Früchtchen untereinander frei und können isoliert verbreitet werden. Wir finden

Abb. 4.25 *Raphanus raphanistrum.* Gliederschote (Nach Hegi 1975, IV, 1)

zahlreiche Beispiele bei Ranunculaceengattungen wie *Ranunculus* oder *Clematis* sowie bei *Geum* (Abb. 4.29), einer Gattung der Rosaceen, aber auch bei der Magnoliacee *Liriodendron* (Abb. 4.80).

Die Anzahl der Karpidien pro Frucht ist recht unterschiedlich. In Tab. 4.1 seien einige Arten mit ihren Karpidienzahlen aufgeführt.

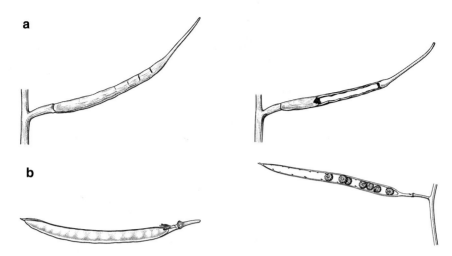

Abb. 4.26 Rahmenschote. **a** *Chorispora tenella*. **b** *Dactylaena micrantha*

Abb. 4.27 *Biscutella laevigata.* Spaltschote. (Nach Hegi 1975, IV, 1, Tafel 136)

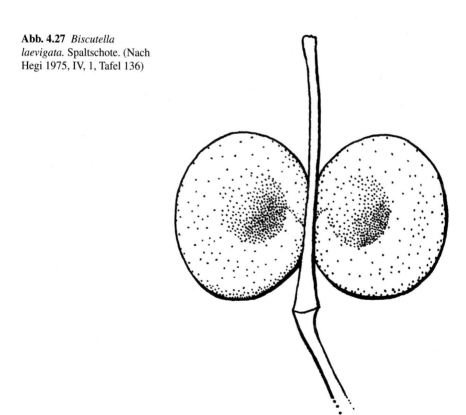

Abb. 4.28 *Acer platanoides.*
Spaltfrucht (Aus Troll 1957)

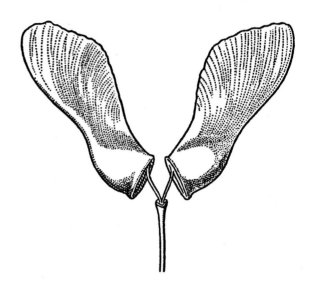

4.3.4   Früchte

4.3.4.1   Polikarpide Früchte

Bei polikarpiden Früchten können auch die einzelnen Karpidien in ihrer Gesamt-
heit als Ganzes ausgebreitet werden. Viele Beispiele bieten Gattungen der
Rosaceen. Bei *Fragaria vesca* und *Duchesnea indica* löst sich die postfloral stark
vergrößerte Fruchtachse mit den einzelnen Nüsschen vom Fruchtstiel. Bei *Rubus
idaeus* lösen sich die einzelnen, durch kurze Haare miteinander verbundenen
Steinfrüchtchen von der Fruchtachse. Bei *Rubus fruticosus* hingegen lösen sich
die Karpidien mit der Fruchtachse vom Fruchtstiel. Bei der Gattung *Rosa* sind die
Nuculae von einer urnenförmigen Fruchtachse, die bei den meisten Arten fleischig
wird, umgeben.

Bei der Apfelfrucht der Gattung *Malus* überwächst die Fruchtachse die wenig-
samigen, pergamentartigen Karpelle, sodass ein fleischiges Gebilde entsteht. Bei
der Gattung *Mespilus* verwachsen die zu Steinkernen heranreifenden Karpelle mit
der Blütenachsenwand zu einer fleischigen Ausbreitungseinheit.

4.3.4.2   Schließfrüchte

Bei den Schließfrüchten unterscheiden wir:

- Steinfrüchte
  - einsamig: die Früchte aller *Prunus*-Arten, *Oemleria*
  - mehrsamig: *Ilex* (meist vier), *Davidia*

Abb. 4.29 *Geum urbanum.*
Karpidium

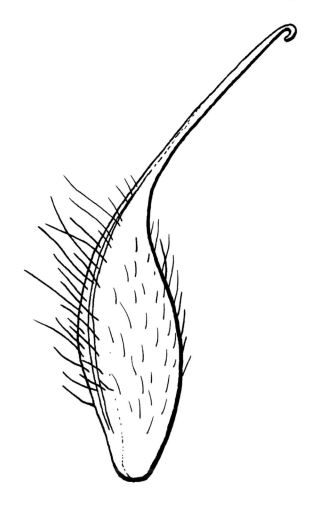

- Beeren: *Solanum*
- Nüsse: Corylus, Pterocarya
- Achänen: Der Terminus geht auf den von Necker (1790) geprägten Begriff Achena zurück. Unter Achänen verstehen wir kleine einsamige und trockene Schließfrüchte, bei der die Samenschale mit der Fruchtwand (Perikarp) verwachsen ist und ein unterständiges Ovar vorliegt. Beispiele sind die Früchte der Asteraceen.
- Karyopse: Der Begriff geht auf Richard (1808/11) zurück. Er leitet sich ab von griech. *karyon* = Nuss, Kern und *opsis* = Aussehen (Definition Wagenitz 2003). Als Karyopsen werden die Früchte der Poaceen bezeichnet. Bei ihnen ist die reduzierte Samenschale eng mit der Fruchtwand verbunden. Der Embryo liegt seitlich dem Endosperm an.

Tab. 4.1 Pflanzenarten und die Zahl ihrer Karpidien

Familie	Art	Zahl der Karpidien
Alismataceae	*Alisma lanceolatum*	17–20
	Baldellia ranunculoides	37–49
	Limnocharis flava	12–15
Crassulaceae	*Sedum hispanicum*	5–7
Eupteleaceae	*Euptelea polyandra*	2–16
Ranunculaceae	*Anemone coronaria*	bis zu 1200
	Caltha palustris	18–24
	Ceratocephalus falcatus	104–130
	Clematis tangutica	148–174
	Pulsatilla vulgaris	96–272
	Ranunculus ficaria	7–18
	Ranunculus lingua	96–121
	Ranunculus millefoliatus	98–162
Rosaceae	*Dryas octopetala*	68–139
	Duchesnea indica	266–351
	Filipendula ulmaria	5–8
	Geum urbanum	82–107

4.3.5 Infrukteszenzen – Fruchtstände

4.3.5.1 Teilinfrukteszenzen – Teilfruchtstände

Infrukteszenzen können recht unterschiedlicher morphologischer Natur sein. Von Teilinfrukteszenzen sprechen wir, wenn die Infrukteszenzen zur Reife in einzelne Teile zerfallen, die morphologisch recht unterschiedlicher Natur sein können.

Bei *Carpinus betulus* (Abb. 4.53) besteht die Ausbreitungseinheit aus der Frucht, die mit einem dreiteiligen Flügel verbunden ist. Dieser Flügel ist ein Verschmelzungsprodukt, dessen Komponenten (Vorblätter) zwei konsekutiven Achsen angehören.

Bei *Cotinus coggygria* zerfällt der reife Fruchtstand in einzelne Teile, die sich am Boden bewegen und mit weiteren ihrer Art verfilzen können. Aus dem Verwandtschaftskreis der Poaceen seien das amerikanische *Tripsacum dactyloides* und *Aegilops ventricosa* (Abb. 4.30) ausgewählt.

4.3.5.2 Infrukteszenzen – Fruchtstände

Morus-Arten bilden längliche Fruchtstände, bei denen die einzelnen Nüsse einer Fruchtstandsachse ansitzen und jeweils von der fleischig gewordenen Blütenhülle umgeben sind.

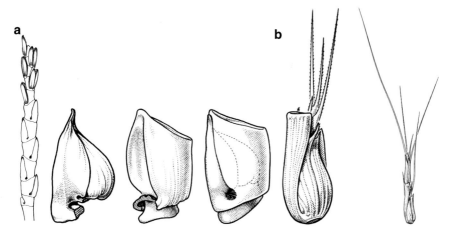

Abb. 4.30 a *Tripsacum dactyloides*. Teilinfrukteszenz. **b** *Aegilops ventricosa*

Bei den *Ficus*-Arten umhüllt die Blütenstandsachse die einzelnen Früchte so, dass diese im Inneren verborgen sind. Die Blütenstandsachse wird zur Reife fleischig.

Bei *Tilia*-Arten ist die Infloreszenz mit dem α-Vorblatt, das zur Hälfte mit der Infloreszenzachse verwachsen ist, verbunden (Abb. 4.52).

Die Ausbreitungseinheit der Asteracee *Xanthium* enthält zwei Früchte.

Bei der Poaceae *Aegilops geniculata* ist die gesamte Infrukteszenz eine Ausbreitungseinheit (Abb. 4.31), bei *Lygeum spartum* wird der gesamte Fruchtstand, bestehend aus nur einem Ährchen, ausgebreitet.

4.3.6 Ganze Pflanzen

Zwischen Infrukteszenzen und ganzen Pflanzen als Ausbreitungseinheiten gibt es mannigfache Übergänge. Bei Steppenpflanzen werden mitunter ganze Pflanzen ausgebreitet. Die oberirdischen Teile können, meist auf Erdbodenniveau, abbrechen und als Steppenläufer vom Wind ausgebreitet werden (Abb. 4.116). Beispiele gibt es in verschiedenen Pflanzenfamilien. Auch in der heimischen Flora sind solche Steppenläufer bekannt. Beispiele sind die Chenopodiaceen *Salsola kali* und *Corispermum leptopterum*, die Apiacee *Eryngium campestre* und die Boraginacee *Onosma arenaria*.

Abb. 4.31 *Aegilops geniculata*. Infrukteszenz

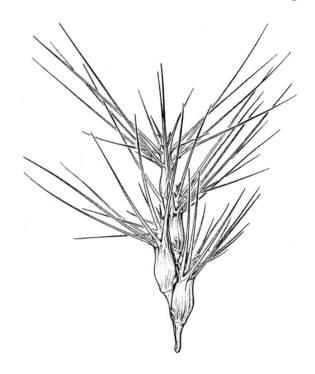

4.4   Autochorie – Selbstausbreitung

Begriffsbildung: Kirchner (1904)

Die Ausbreitung der Diasporen erfolgt ohne die Einwirkung fremder Agenzien. Wir unterscheiden verschiedene Mechanismen.

4.4.1   Blastautochorie

Übersicht
Begriffsbildung: Müller (1955)
   abgeleitet von *blastano* = ich wachse

Die Ausbreitung der Diasporen erfolgt allein durch das Ausdehnungswachstum der Mutterpflanze. Die Diasporen werden am Ort der späteren Keimung ausgelegt.

   Die am Erdboden kriechenden, reich verzweigen Sprosse von *Polygonum aviculare* lassen die reifen Samen ausfallen. Die Keimpflanzenanordnung folgt

somit im günstigsten Fall der Sprossverzweigung der Mutterpflanze der ver-
gangenen Vegetationsperiode.

Cymbalaria muralis, eine europäische Plantaginaceae, besiedelt Gesteins-
und Mauerspalten. Ihre Fruchtstiele führen negativ phototrope Krümmungsbewegungen, verbunden mit interkalarer Streckung im fruchtnahen Teil, und nur
nach Befruchtung der Eizellen aus (Abb. 4.32).

Entsprechende Beispiele für vegetative Ausbreitung können wir bei *Potentilla
reptans, Fragaria vesca* und *Phragmites australis* finden (Abschn. 4.4).

4.4.2 Ballismus

> **Übersicht**
> Begriffsbildung: Kerner von Marilaun (1891) sprach bei diesem Mechanis-
> mus als erster von einer „ballistischen Vorrichtung" (zitiert nach Wagenitz
> 2003).
>   griech. *ballo* = ich schleudere

4.4.2.1 Spannungen in toten, hygroskopischen Geweben

Gewebespannung bzw. Entquellungsbewegungen führen prinzipiell bei allen
Springfrüchten zur Dehiszenz der Frucht. Bei vielen Früchten erfolgt die
Dehiszenz jedoch nicht langsam, sondern plötzlich, explosionsartig unter Frei-
setzung starker Kräfte, mit dem Erfolg, dass die Samen mehr oder weniger weit
weggeschleudert werden. Am bekanntesten ist dieses Phänomen bei vielen
Leguminosen.

Bei einer Hülse ist die Fruchtwand mit faserartigen Elementen ausgestattet, die
normalerweise in zwei Schichten, einer mächtigen Innen- und einer schwächeren
Außenschicht, angeordnet sind. Die Streichrichtung beider Faserschichten liegt im

Abb. 4.32 *Cymbalaria* muralis. Bewegung der Blüten- bzw. Fruchtstiele. (Nach Hegi 1965, VI,
1, S. 68, Abb. 47)

Winkel von etwa 90° zueinander. Der Quellungs- und Entquellungsvorgang erfolgt vorwiegend in Längsrichtung. Bei der Austrocknung übt die dickere Innenschicht den größeren Zug aus, ist also für das Krümmungsgeschehen bestimmend.

Eine zweite Möglichkeit besteht darin, dass die Streichrichtung beider Faserschichten zwar einheitlich ist, Membranfibrillen jedoch eine unterschiedliche Orientierung aufweisen.

Als Beispiele unter den Fabaceen seien die Gattungen *Caragana*, Lathyrus und *Wisteria* genannt. Die gemessenen Weiten liegen nach Kerner von Marilaun (1898, zitiert nach Müller 1955) für

- *Lupinus digitatus* 7,0 m,
- *Wisteria sinensis* 9,0 m und
- *Bauhinia purpurea* bei 15 m

Bei der Gattung *Euphorbia* weist jedes Karpell eine Samenanlage auf. Bei der Reife zerfällt die Frucht in drei Teile (Kokken), die sich von der stehenbleibenden Mittelsäule lösen. Bei *Euphorbia helioscopia* können 2 m, bei *Mercurialis perennis* 4 m erreicht werden (Ridley 1930).

Bei der ebenfalls zu den Euphorbiaceen gehörigen *Hura crepitans* aus dem tropischen Amerika sind die Früchte ähnlich wie bei *Euphorbia* gebaut, sie sind nur wesentlich größer und weisen fünf bis 20 Karpelle auf, die sehr stark verholzt sind. Zur Fruchtreife lösen sich diese unter knallartigem Geräusch (Sandbüchsenbaum!) und werden bis 14 m weit weggeschleudert (Kerner von Marilaun 1898; Abb. 4.33).

Die mitteleuropäische Rutacee *Dictamnus albus* hat eine aus fünf Karpellen bestehende Frucht, deren Wand in ein sehr hartes und festes Endokarp und ein Exokarp gegliedert ist. Bei der lokuliziden Dehiszenz treibt das Endokarp das

Abb. 4.33 *Hura crepitans.*
Frucht

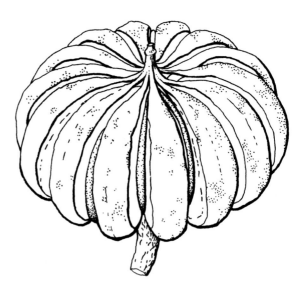

Exokarp auseinander und zerfällt in zwei Teile, die sich schraubig einkrümmen und den Samen bis 2 m weit herausspringen lassen.

Buxus sempervirens bildet eine lokulizide Kapsel. Auch hier ist es das sehr harte Endokarp, das für die Samenausschleuderung verantwortlich ist.

Die Früchte der Gattung *Hamamelis* sind aus zwei Karpellen mit zentralwinkelständiger Plazentation zusammengesetzt. Die Dehiszenz erfolgt lokulizid-septizid. Das Perikarp ist auch hier in ein knorpelig lederiges Endokarp und ein verholztes Exokarp gegliedert. Bei der explosionsartigen Dehiszenz löst sich das Endokarp ganz oder teilweise vom Exokarp ab, wobei die Samen nach Putnam (1896) 5 m oder nach Gleason (1925) sogar über 10 m weit fortgeschleudert werden.

Beim Genus *Geranium* ist nur der untere Teil des lang gestreckten Pistills fertil. In jedem Fruchtfach befinden sich zwei Samenanlagen, von denen sich jedoch nur eine zu einem fertilen Samen entwickelt. Bei der Fruchtreife lösen sich die Außenwände der Fruchtfächer erst in der Mitte. Dann erfolgt ein Losreißen am Grund durch hygroskopische Spannungen. Nur der Oberteil verbleibt an der Columella. Durch eine schnelle Aufwärtsbewegung nach außen und oben (Abb. 4.34) werden die Samen bei *G. columbinum* 1,5 m weit (Kerner

Abb. 4.34 *Geranium incanum.* Geöffnete Frucht. (Nach Phillips 1920)

von Marilaun 1898) und bei *G. robertianum* L. bis 6 m weit (Ridley 1930) fortgeschleudert.

Anders erfolgt die Samenausbreitung beim Genus *Erodium* (Abb. 4.35). Die Außenwände der Frucht verbleiben als hygroskopische Grannen mit dem Samen verbunden und lösen sich mit ihm ab. Unten sind die Grannen korkenzieherartig linksgewunden, oben rechtwinklig abgebogen und nicht gewunden. Beim Befeuchten erfolgt eine Streckung zur Geraden. Durch hygroskopische Grannenbewegungen beim Wechsel von Feuchtigkeit und Austrocknung erfolgt ein Einbohren in die Erde. Rückwärtsgerichtete Haare spreizen sich bei Trockenheit ab und legen sich bei Feuchtigkeit bei manchen Arten an, wodurch eine feste Verankerung im Erdboden erfolgen kann. Die Mechanik der korkenzieherartigen Bewegungen beruht auf tangentialen Quellungsunterschieden in mehreren Zell-

Abb. 4.35 *Erodium* spec.
Geöffnete Frucht. (Nach
Phillips 1920)

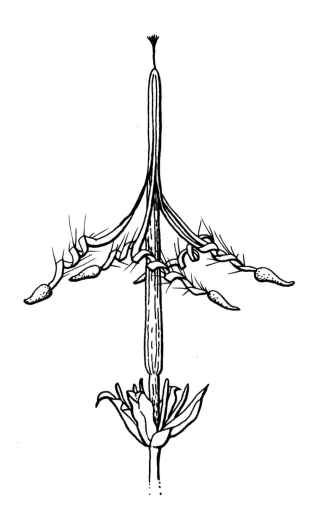

lagen. Beim Genus *Pelargonium* sind die Ausbreitungseinheiten zudem deutlich behaart.

Bei *Viola arvensis* besteht die Frucht aus drei Karpellen mit parietaler Plazentation. Die Kapsel öffnet sich lokulizid im Bereich des Dorsalmedians. Nach der Dehiszenz erfolgt eine Streckung der einzelnen Karpelle. Durch das kahnförmige Einwärtsschlagen der Klappenflügel werden die Samen gedrückt und ausgequetscht. Der Beginn des Samenausschleuderns erfolgt von oben nach unten, bei gleichzeitiger Abwärtskrümmung der Klappenteile. Die Mechanik des Vorgangs beruht auf einer starken Querkontraktion des Kollenchyms im Plazentarbereich (Kerner von Marilaun 1891). Bei *Viola arvensis* können so Weiten von 2,4 m (Stapf 1887) und bei *V. canina* von 4,7 m (Ulbrich 1928) erreicht werden.

Bei den Portulacaceen *Claytonia* und *Montia* bestehen die Früchte aus drei Karpellen. Während der Dehiszenz rollen sich die Ränder der durch Längsrisse aufgesprungenen Kapselteile nach innen gegen die Mittellinie und greifen unter die Samen, die sie dadurch wegschleudern. Bei *Montia* werden die Samen so 60 cm hoch und 2 m weit geschleudert (Micheli 1728).

Sehr wirkungsvolle Ausbreitungsmechanismen begegnen uns bei der Gattung *Acanthus*. Die Früchte bestehen aus zwei Karpellen und sind zweifächerig. Bei der Samenreife spaltet sich die kräftig entwickelte Scheidewand in der Mitte bis zum Grund. Die Spaltung des Septums erfolgt durch Kontraktion der mächtigen äußeren Faserbündelschicht, die durch eine Parenchymschicht von einer schmaleren inneren Bündelschicht getrennt ist. Ein hakenartiger Fortsatz am Funiculus bestimmt die Zielrichtung des Samens. Diese fliegen genau zur gegenüberliegenden Seite davon. Bei *Acanthus mollis* können Weiten von 9,5 m erreicht werden (Kerner von Marilaun 1898).

Bei manchen Acanthaceen erfolgt eine merkwürdige Dehiszenz. Am Fruchtschnabel befindet sich eine mannigfach geformte, pektinhaltige Zone, welche die Dehiszenz der ausgetrockneten Kapsel zunächst verhindert. Wird der Pektinpfropfen mit Wasser benetzt, erfolg eine Quellung und Dehiszenz der Kapsel (Abb. 4.36). Innerhalb einer Gattung treten bei Acanthaceen sowohl Hygrochasie als auch Xerochasie auf.

4.4.2.2 Spannungen in lebenden Geweben

4.4.2.2.1 Spritzmechanismus

Die mediterrane Cucurbitacee *Ecballium elaterium* hat eine länglich ovale Frucht, deren Spitze durch einen hakenartig gebogenen Stiel nach unten, deren Anheftungsstelle jedoch nach oben weist. Das Perikarp bildet ein festes Widerstandsgewebe aus quer tangential orientierten, dickwandigen Zellen. Das Fruchtinnere hingegen weist ein zartes, dünnwandiges Parenchymgewebe aus großen, blasenartigen Zellen auf, in dem sich die ca. 50 glatten, länglichen Samen in sechs Längsreihen schräg nach oben befinden. Das Parenchym enthält das Glykosid Elaterin. Dieses Parenchymgewebe kann durch Wasseraufnahme den Turgordruck

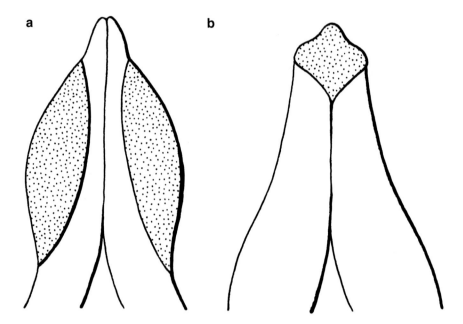

Abb. 4.36 Hygrochasie bei zwei Acanthaceen. **a** *Ruellia ciliatiflora*. Fruchtspitze mit seitlichen Pektineinlagerungen. **b** *Barleria lichtensteiniana*. Fruchtspitze mit Pektinpfropf. (Nach Zohary und Fahn 1941)

in der reifen Frucht auf ca. 6 bar steigern. Im Grenzbereich von Frucht und Fruchtstiel, der bis zum Fruchtparenchym reicht, ist ein Trennungsgewebe vorhanden. Bei der Fruchtreife kommt es durch den starken Innendruck zum Zerreißen des Trennungsgewebes. Der Fruchtstiel löst sich und durch die entstehende Öffnung wird die Fruchtflüssigkeit mit den Samen mit einer Geschwindigkeit von 15–16 m/s herausgeschleudert. Durch das plötzliche Ausbleiben des Innendrucks zieht sich das straff gespannte Perikarp zusammen, wodurch der Spritzvorgang nochmals eine Steigerung erfährt (Abb. 4.37). Die Verschleimung der äußeren Testa bewirkt eine Schlüpfrigkeit der Samen, die ein gutes Ausgleiten gewährleistet. Die Samen können so 10–12 m weit ausgestoßen werden (Overbeck 1930).

4.4.2.2.2   Schleudermechanismus

Bei *Impatiens glandulifera* zerplatzt die aus fünf Karpellen gebildete, reife Frucht bei leichtester Berührung lokulizid. Die zentralwinkelständigen Plazenten sind zur Spitze zu verbreitert, die reife Frucht oben keulig verdickt. Zur Spitze hin ist das Perikarp dünnwandiger als unten. Die äußere Perikarpwand ist stark verdickt und besitzt ein Schwellgewebe. Die Gewebespannung kann bis 20 bar ansteigen. Die innere Schicht ist kollenchymatisch und setzt der äußeren einen Widerstand ent-

Abb. 4.37 *Ecballium elaterium*. Längsschnitt durch eine reife Frucht. (Nach Overbeck 1930)

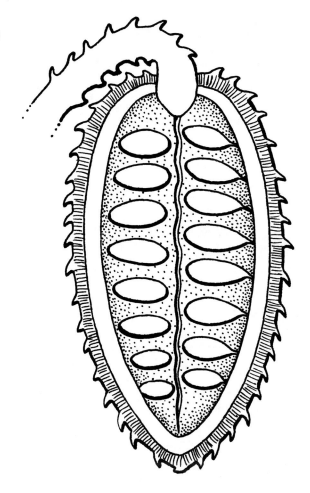

gegen. Ab einem gewissen Druck kommt es zum Zerreißen. Die Karpelle rollen sich mit großer Kraft nach innen ein, stoßen an die Samen und schleudern sie weg. Bei *Impatiens parviflora* können die Samen bis 3,4 m weit fliegen (Schneider 1935), bei *I. glandulifera* sind es nach Schlichting (2016) 1,8 m und nach Ridley (1930) sogar bis 6,3 m.

Die aus Südamerika stammende Cucurbitacee *Cyclanthera brachystachya* (Syn. *C. explodens*) weist im Inneren der Frucht eine stielartig verlängerte Plazenta mit sieben bis neun Samen auf. Zur Reife springt die Fruchtwand in zwei Längsrissen auf. Ein etwa 1 cm breiter Streifen der Fruchtrückwand krümmt sich spontan rückwärts. Die hier inserierte Plazenta wird mitgerissen und peitschenartig geschwungen, die Samen lösen sich und fliegen bis 3 m weit davon (Abb. 4.38). Das Schwellgewebe weist auch hier einen hohen osmotischen Druck von bis zu 16 bar auf. Den Widerstand bildet ein kollenchymatisches Gewebe, das

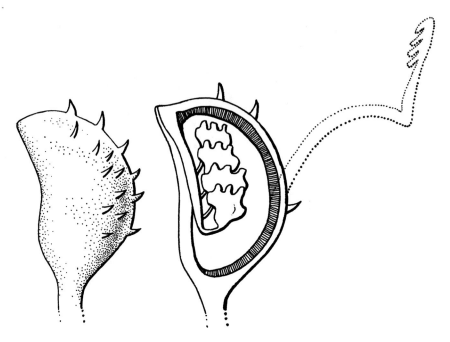

Abb. 4.38 *Cyclanthera brachystachya.* Schleudermechanismus der Frucht. (Nach Overbeck 1926)

unter der Wirkung des Schwellgewebes stark gespannt wird und schließlich reißt (Ulbrich 1928).

Bei der Brassicaceae *Cardamine hirsuta* sind die Samen in grübchenartigen Bildungen in den Valven eingebettet. Bei der Fruchtreife lösen sich die Valven von unten nach oben, rollen sich ein und reißen die Samen, die sich von den Funiculi lösen, mit sich. Bei *Cardamine hirsuta* können die Samen bis 1,4 m weit, bei *C. impatiens* sogar 2 m weit fortgeschleudert werden (Schneider 1935).

Im Unterschied zu vielen Parasiten verfügt *Lathraea clandestina,* eine Orobanchacee, über große Samen. In der reifen Frucht herrscht eine Spannung zwischen dem elastisch harten Endokarp und dem turgeszenten, vielschichtigen Exokarp. Zur Fruchtreife rollen sich beide Fruchtklappen der etwa haselnussgroßen Frucht nach innen ein, wobei sie eine Querkrümmung erfahren und die ein bis drei Samen bis 4 m weit herausschleudern (Guttenberg 1926). *Lathraea* leitet über zum Quetschmechanismus.

4.4.2.2.3 Quetschmechanismus

Bei vielen *Oxalis*-Arten erfolgt das Ausschleudern nicht durch Teile der Frucht, sondern durch den Samen selbst. Die unter Turgeszenz stehende Exotesta, die nach außen von einer elastischen, sehr dicken Cuticula begrenzt wird, platzt in Form eines abaxialen, medianen Längsrisses plötzlich auf und stülpt sich blitzartig um, mit dem Erfolg, dass die Cuticula der Testaepidermis nach innen weist. Die zurückschnellenden Seitenlappen stoßen dabei kräftig an die zentriskopen Teile der Septen. Diese dienen als Widerlager und ermöglichen es erst, dass der innere Teil des Samens im Fortgang der Umstülpung das an den Karpellmedianen dünne Perikarp durchschlägt und weggeschleudert wird (Abb. 4.12). Bei manchen *Oxalis*-Arten öffnet sich das Perikarp spaltenartig. Für das Umstülpen der Exotesta ist nicht nur das Bestreben der subepidermalen Zellen sich auszudehnen verantwortlich. Die elastische, dicke Cuticula, die während des Vorgangs als Widerlager dient, kontrahiert sich beträchtlich und trägt so zur Krümmungsbewegung bei. Bei *Oxalis acetosella* werden immerhin 2,2 m erreicht (Moor 1940).

Bei dem aus dem tropischen Asien und Afrika stammenden, ebenfalls zu den Oxalidaceen gehörigen *Biophytum sensitivum* breiten sich die fünf Karpelle bei der Fruchtreife sternförmig aus. Die Samenausbreitung erfolgt auch hier ohne Mitwirkung der Karpelle.

Dorstenia contrajerva, eine Moraceae aus dem tropischen Amerika, besitzt zur Reife eine schildförmige Infrukteszenz, aus der die zahlreichen kleinen Steinkerne mit großer Wucht weggeschleudert werden. Die Blüten bestehen aus einem Fruchtknoten mit einer Samenanlage. Sie sind tief in die Infloreszenzachse eingesenkt, sodass sie nur mit den beiden Narbenlappen hervorsehen. Bei der Fruchtreife bildet sich eine Steinfrucht, deren fleischiges Exokarp ungleich entwickelt ist. Am stärksten erfolgt die Ausbildung an der Fruchtbasis, ganz schwach ist sie am Scheitel. Von den Flanken sind zwei gegenüberliegende schwach, die beiden anderen mächtig entwickelt. So entsteht eine Art Zange, die sich zu schließen trachtet, daran aber zunächst durch den Steinkern der Frucht gehindert wird. Bei steigendem Druck wird das Hindernis, die dünne, obere Wandung des Perikarps, gesprengt und der Steinkern schnellt, wie ein Kirschkern zwischen den Fingern, zwischen den verdickten, seitlichen Perikarpwänden hervor (Abb. 4.39). Das

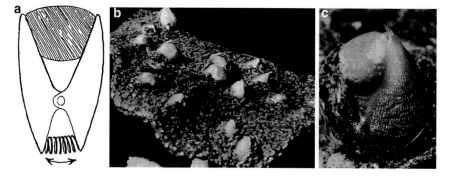

Abb. 4.39 a *Dorstenia contrajerva*. Modell des Schleuder(Zangen)mechanismus (aus Overbeck 1926). **b** *Dorstenia erecta*. Infrukteszenz in Aufsicht. **c** *Dorstenia erecta*. Reife Frucht (b, c aus Schleuss 1958)

Schwellgewebe besteht aus parenchymatischen Elementen, die sich vom Dreh-
punkt aus radial erstrecken. Die „Schussweite" beträgt 5 m (Overbeck 1925,
zitiert nach Müller 1955), bei *Dorstenia erecta* sind es 7 m, bei *D. contrajerva* 5 m
(Schleuss 1958). Die Maximalgeschwindigkeit beträgt 10 m/s (Schleuss 1958).

Die Santalacee *Arceuthobium oxycedri* entwickelt beerenartige Früchte, die
bei der Reife vom Fruchtstiel abgestoßen werden. Dann fliegt das Endokarp mit
großer Wucht durch die entstandene Bruchfläche durch Herauspressung aus dem
Mesokarp heraus. Der Spannungszustand wird nicht vom Turgor, sondern durch
Schleimbildung im Inneren der Frucht herbeigeführt. Der Fruchtstiel greift direkt
am Endokarp an. Das Exokarp besteht nur aus der Epidermis mit cuticularer Verdickung der Außenwand. Es werden Weiten von 1,5 m erreicht.

4.4.2.2.4 Stoßschleudern

Polygonum virginianum schleudert seine Früchte bei leichtester Berührung ab.
Zwischen Frucht und Fruchtstiel der traubigen Infrukteszenz befindet sich eine
eingeschnürte Gelenkzone, welche die Rissstelle bildet. Hier befinden sich große
Parenchymzellen, die sich in einer zum Fruchtstiel senkrechten Ebene in den
Mittellamellen voneinander trennen und gegenseitig vorwölben. Die Epidermen
verhindern zunächst durch eine feste Verbindung, dass es zu einer vollständigen
Wölbung der Zellkuppen kommt. Durch Berührung oder Stoß zerreißen die Epidermiszellen, die Wölbung der Zellen kann stattfinden, die Frucht wird 2–3 m
weggeschleudert. Der persistierende Fruchtgriffel ist hart und verholzt und hakenförmig gebogen. Er endet in zwei Haken. Im Fell vorbeistreichender Tiere, die den
Schleudermechanismus auslösen, kann die Frucht haften bleiben und verschleppt
werden (Guttenberg 1926).

4.4.3 Herpautochorie

Übersicht
Begriffsbildung: Müller (1955)
   abgeleitet von *herpo* = ich krieche

Die Ausbreitungseinheiten einiger Poaceen, Dipsacaceen und Asteraceen sind mit
hygroskopischen Borsten oder Grannen versehen. Bei Wechsel von feuchtem zu
trockenem Wetter sind diese Gebilde in der Lage, Bewegungen auszuführen, die
zu Ortsveränderungen der Diaspore am Boden führen können.

Beim Austrocknen spreizen oder biegen sich die Anhangsgebilde, die Diaspore
erfährt eine Verkürzung in der Längsachse. Bei Befeuchtung erfolgt entsprechend
eine Streckung. Widerhaken und Borsten verhindern ein Zurückgleiten in die Ausgangsposition, sodass der schwere, samenführende Teil der Diaspore vorwärts-

geschoben wird. Dies kann so lange erfolgen, bis ein Hindernis den Bewegungen ein Ende setzt. Beispiele sind die Asteraceen *Centaurea cyanus* mit Pappushaaren aus steifen Borsten, die mit nach vorn gerichteten Härchen versehen sind, und *Crupina vulgaris* aus dem Mittelmeergebiet.

Bei *Avena barbata* führen die Grannen schraubige Drehungen in entgegengesetzter Richtung durch. Dabei kreuzen sich die oberen, nicht gedrehten und nahezu rechtwinklig abgeknickten („geknieten") Grannenteile, drücken sich aufeinander und gleiten schließlich mit einem Ruck aneinander vorbei, was ein Emporschnellen der Diaspore, dem Ährchen, zur Folge hat.

Die zurückgelegten Distanzen sind allgemein recht gering. Oft erfolgt lediglich ein Manövrieren am Keimplatz. Frühere Autoren haben den Erfolg des Kriechens zu hoch eingeschätzt.

4.4.4 Barochorie

> **Übersicht**
> Begriffsbildung: Moliner und Müller (1938)
>   abgeleitet von *baros* = Gewicht, Druckkraft

Das Herunterfallen der Ausbreitungseinheiten ist meist nicht mit einem größeren Ortswechsel verbunden. Bei *Aesculus hippocastanum* können die Samen nach dem Abfallen am Boden, je nach Neigung der Oberfläche, noch etwas rollen. Bei einigen Mangrovepflanzen fallen lediglich die Embryonen nach unten, während der Rest der Frucht zunächst am Baum verbleibt. Bei *Rhizophora mangle* besteht der Embryo vor allem aus dem dicken Hypokotyl (Abb. 4.13a), dessen Schwerpunkt sich am Unterende befindet. Der Embryo kann sich vor allem bei Ebbe in den Schlamm einbohren und sehr schnell bewurzeln.

4.4.5 Viviparie

> **Übersicht**
> Begriffsbildung: Kirchner (1904)
>   abgeleitet von lat. *vivipar, viviparus* = lebendgebärend
>   Keimen der Samen an der Mutterpflanze.
>   Der von Mattfeld (1920) geprägte Begriff Bioteknose, abgeleitet von
> griech. *teknosis* = Gebären, hat sich nicht durchgesetzt.

Am bekanntesten ist Viviparie bei den Mangrovegattungen *Aegiceras* (Abb. 4.13b), *Bruguiera* und *Rhizophora* (Abb. 4.13a) Die Embryonen keimen in den Früchten und die Fixierung der Embryonen erfolgt normalerweise ohne Ausbreitung aufgrund von Barochorie.

Ein weiteres Beispiel von Viviparie finden wir bei der Cucurbitaceae *Sechium edule*. Die Früchte sind einsamig und die Samen keimen am Innenrand der Frucht an den meterlangen Rankensprossen. Von da lösen sie sich von den Sprossachsen und fallen zu Boden (Abb. 4.40).

Von Pseudoviviparie hingegen sprechen wir, wenn im Blütenstandsbereich junge Pflanzen auftreten, diese jedoch nicht aus Blüten bzw. Früchten hervorgegangen sind. Beispiele sind in Abschn. 4.1 aufgeführt.

4.5 Allochorie

Übersicht
Begriffsbildung: Sernander (1906)
   griech. *allo* = anders; *chorein* = fortbewegen

Als Allochorie bezeichnen wir die Ausbreitung von Pflanzen durch äußere Agenzien wie Wasser, Wind und Tiere im Gegensatz zur Autochorie.

4.5.1 Hydrochorie – Wasserausbreitung, Wasserwanderer

Begriffsbildung: hydrochor (Dammer 1892). Müller (1936) unterschied die Nauto- und Ombrohydrochorie.

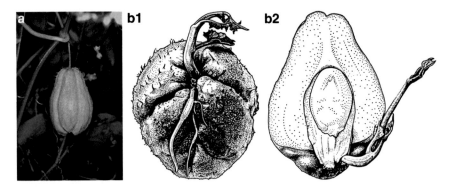

Abb. 4.40 *Sechium edule*. **a** Frucht (R. Greissl). **b** Keimende Frucht. 1 Aufsicht, 2 Längsschnitt. (Aus Troll 1957)

4.5.1.1 Nautohydrochorie

Das Wasser übernimmt den Transport der abgelösten Diasporen.

Submerse Diasporen
Hier handelt es sich oft um vegetative Diasporen wie Turionen und andere Sprossteile (Abschn. 4.1). Bei den generativen Diasporen haben wir es häufig mit langsam sinkenden Ausbreitungseinheiten zu tun.

Emerse Diasporen
Wichtige Anpassungen bzw. Voraussetzungen sind

- eine lang wirksame Schwimmfähigkeit,
- eine weitgehende Impermeabilität und
- eine wirksame Ausbildung der Hüllschichten der Diasporen.

Diese Voraussetzungen gibt es auch bei vielen Diasporen, die nicht oder normalerweise nicht hydrochor ausgebreitet werden. Bei Wasser- und Sumpfpflanzen ist der prozentuale Anteil der Arten mit schwimmfähigen Diasporen viel größer als bei ausgesprochenen Landpflanzen.

Eine wirksame Schwimmfähigkeit kann herbeigeführt werden durch:

- Unbenetzbarkeit: Hier sind Grenzen durch die Größe der Diasporen gesetzt. Eine wirksame Unbenetzbarkeit kann durch die chemische Konstitution der Oberfläche, zum Beispiel wachsartige Cuticularbildungen, herbeigeführt werden.
- die Ausbildung von Papillen: Papillen sind eingesenkte Epidermiswände, die um die im Wasser schwimmende Diaspore einen dünnen Luftmantel bilden. *Schoenoplectus lacustris* schwimmt normalerweise auf dem Wasser. Wird das Wasser mit Detergenzien versetzt, welche die Oberflächenspannung vermindern, erfolgt ein Absinken. Das Gleiche gilt für frisch geerntete Nuculae von *Ranunculus flammula* und Achänen von *Cirsium palustre*.
- ein geringes spezifisches Gewicht der Diaspore
- ein Korkgewebe oder Korkeinlagerung
- ein geringes spezifisches Gewicht von Eiweißstoffen
- Lufteinschlüsse:
  - intra- und/oder interzelluläre
  - zwischen Geweben verschiedener Organe
  - Lufträume werden erst postfloral gebildet oder zumindest vergrößert. Viele Schwimmgewebe sind erst postfloral funktionstüchtig.
- intrazelluläre Schwimmgewebe:
  - *Alisma plantago-aquatica:* Die Diasporen verfügen über ein äußeres Schwimmgewebe mit lufthaltigen, auch verkorkten Zellen.
  - *Bolboschoenus maritimus*: Die Epidermis der Fruchtwand weist große, lufterfüllte Zellen auf.
  - *Iris pseudacorus* und *Menyanthes trifoliata*. Sie besitzen Luftgewebe in der Testa.

- *Sium latifolium*: Die Pflanze hat einen geschlossenen Mantel in der Spalt-
  frucht als Luftgewebe.
- *Cicuta virosa* und *Oenanthe*-Arten: Sie verfügen über ein Schwimmgewebe
  in getrennten Lagen, meist intercostal.
- *Rumex hydrolapathum:* Die Pflanze hat Schwielen an der persistierenden
  Blütenhülle. Unter der Epidermis befindet sich ein totes Luftgewebe.
- Luft in den Interzellularen: *Potamogeton natans* hat entsprechend ausgestattete
  Schwimmfrüchte.
- Schwimmblasen, das heißt lufterfüllte Räume zwischen Geweben verschiedener
  Organe, finden wir bei verschiedenen Leguminosen:
  - *Caesalpinia bonduc*: Die Pflanze verfügt über eine Schwimmblase zwischen
    Embryo und Testa.
  - *Dioclea*-, *Entada*- und *Mucuna*-Arten sowie *Mora paraensis*. Sie verfügen
    über einen Hohlraum zwischen den Kotyledonen. Innerhalb der Gattung
    Mora finden wir übrigens die größten Embryonen des Pflanzenreichs.
    Bei *Mora megistosperma* können die Samen eine Größe von 18×12 cm
    erreichen und stellen damit die größten Dikotylensamen dar (Mabberley
    1997).
  - *Nymphaea alba:* Ein sackartiger Arillus umgibt den Samen als eine lockere
    Hülle und wirkt als Wand einer schleimigen Schwimmblase. Mehrere Samen
    verklumpen so miteinander und steigen zur Oberfläche auf (Müller 1955;
    Abb. 4.41).
  - *Nymphoides peltata*: Hier wirken mehrere Mechanismen kombiniert:
    Die Testa umschließt den Embryo nur locker (Luftblasenprinzip).
    Zellen der Testa nehmen von innen nach außen an Größe zu und stellen
    so Luftkammern dar, die den Samen wie ein Schwimmgürtel umgeben.
    Die Außenwände der Testazellen sind papillös.
    Rings um den schmalen Rand der platten Samen befinden sich lufterfüllte
    Schläuche, die aus Epidermiszellen hervorgehen. Diese Schläuche sind
    am Ende noch mit zahlreichen kleinen Papillen besetzt und am Ende in
    gegabelte Ästchen ausgezogen. Bei Verlust der Schläuche gehen die
    Samen unter. Die Schläuche wirken zudem noch als Klettvorrichtung
    für eine zoochore Ausbreitung. Durch die starke Abflachung der Samen
    wirken zudem starke Adhäsionskräfte (Schoenichen 1923).

Die **Schwimmfähigkeit** ist in der Regel begrenzt, aber sehr unterschiedlich lang.
Sie beträgt

- bei *Ranunculus flammula* fünf Tage (Praeger 1913),
- bei *Carex nigra* und *C. pallescens* nur wenige Tage,
- bei *Potamogeton natans*, *Potentilla palustris*, *Sagittaria sagittifolia* und
  Sparganium erectum ca. zwölf Monate,
- bei *Carex riparia*, *C. vulpina* und *Iris pseudacorus* mehr als zwölf Monate
  (Guppy 1906) und
- bei *Alisma plantago-aquatica* und *Cladium mariscus* mehr als 15 Monate
  (Praeger 1913).

Abb. 4.41 *Nymphaea alba.*
Samen im Längsschnitt mit
sackartigem Arillus. (Aus
Ulbrich 1928)

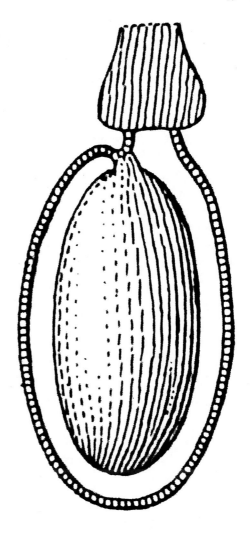

Allgemein lässt sich sagen: Die Schwimmdauer bei lakustren Diasporen ist eher gering, bei fluviatilen Diasporen mittel und bei marinen Diasporen sehr lang. Einschränkend sei jedoch bemerkt, dass die Schwimmdauer bei den marin verbreiteten Diasporen zum Beispiel von *Cakile maritima* und *Crambe maritima* eine bis vier Wochen beträgt und von der Apiacee *Crithmum maritimum* acht Monate (Guppy 1906).

Durch die Wassereinwirkung erfolgen eine Quellung und damit die Abnahme der Schwimmtüchtigkeit. Die Keimung wird eingeleitet.

Die zeitlichen Unterschiede der Erhöhung der Schwimmtüchtigkeit liegen zum Teil in physikalischen Eigenschaften der toten, den Embryo umgebenden Schichten begründet. Mit zunehmender Impermeabilität wird die Schwimmfähigkeit erhöht, die Keimung hingegen verzögert.

Bemerkenswert ist, dass rasch keimende Arten wie *Mimulus*- und *Juncus*-Arten Diasporen bilden, die zunächst sinken. Erst im Keimungsstadium tritt die Schwimmfähigkeit zu Tage. Bis zur endgültigen Verankerung erfolgt ein Flottieren der Keimlinge, hervorgerufen durch lufterfüllte Interzellularen im Gewebe des Embryos (Ridley 1930).

Lakustre Samendrift Nicht eigentlich das Wasser, sondern der Wind ist das wirksame Agens. Die aus dem Wasser ragenden Diasporen bieten dem Wind eine Angriffsfläche. Der Wind verursacht zudem lokale und zeitlich begrenzte Strömungen, welche die Diasporen mit sich wegführen können. Eine Ausbreitung ist prinzipiell nach allen Richtungen möglich. Daher treffen wir an allen Ufern eines Gewässers eine gleiche Vegetationszusammensetzung an.

In der mitteleuropäischen Flora sind die Diasporen unter 1 cm, meist jedoch unter 3 mm groß. Bei *Alnus* kann die Schwimmdauer bis zu zwölf Monate betragen. Die hydrochore Ausbreitung ist wesentlich effektiver als die anemochore (McVean 1955).

Neben der hydrochoren ist auch eine zoochore Ausbreitung möglich.

Fluviatile Samendrift Die Ausbreitung führt, abgesehen von Hochwasser, mehr oder weniger in eine Richtung. Der Transport kann, anders als bei der lakustren Samendrift, zum Teil in andere klimatische oder ökologische Zonen führen. Bei Gebirgsflüssen haben wir es zum Teil mit einem großen Höhengefälle zu tun und damit können andere Vegetationszonen erreicht werden. *Hornungia alpina* und *Linaria alpina* treten normalerweise oberhalb 1700 m auf. Durch fluviatile Ausbreitung gelangen die Diasporen bis in Lagen von 200–300 m. Dort ist in der Regel nur ein kurzzeitiges Gedeihen möglich. Hier zeigen sich also deutliche Grenzen der fluviatilen Verbreitung. In der Tat gibt es keine Pflanzenart, die ausschließlich nur fluviatil-hydrochor ausgebreitet wird.

Eine sehr merkwürdige fluviatil-hydrochore Verbreitung weist *Selenicereus* (Syn. *Strophocactus*) *wittii* auf. Es handelt sich um eine epiphytisch wachsende Kaktee des Amazonasgebiets, deren Fruchtreife zur Zeit der periodischen Überschwemmung des Lebensraums erfolgt (Barthlott mündl. 1989). Es handelt sich wohl um die einzige epiphytische Kakteenart mit hydrochorer Verbreitung.

Marine Samendrift Durch topografisch konstante Strömungen auf den Weltmeeren können enorme Weiten erreicht werden. Mitunter werden ganze Ozeane überquert.

Die Diasporen sind oft recht groß und schwer. Die Impermeabilität gegen das aggressive Medium Meerwasser in den Hüllschichten muss bis zum Extrem geführt sein. Mitunter herrscht eine unbegrenzte Schwimmfähigkeit verbunden mit einer Langlebigkeit der Embryonen vor. Die Testa ist äußerst glatt und hart. Reich vertreten sind Fabaceen wie *Caesalpinia bonduc*, Dioclea-Arten, *Entada gigas* und *Mucuna*-Arten.

Stopp (1951) untersuchte in Natal Samen von *Entada*, *Mucuna* und *Dioclea*, die lange im Wasser gelegen hatten und zum Teil mit Balaniden und Bryozoen bewachsen waren. Die Keimversuche verliefen positiv (Abb. 4.42).

Die gute Schwimmfähigkeit wird erreicht durch Hohlräume zwischen der Testa und Embryo (bei *Entada*) oder durch Hohlräume zwischen den Kotyledonen (bei *Dioclea* und *Mucuna*). Hier also ist das Schwimmblasenprinzip verwirklicht.

Neben echten marinen, hydrochor ausgebreiteten Diasporen finden wir an den Küstenspülsäumen eine Fülle von Diasporen, die zwar individuenreich vorkommen, aber keine echten Hydrochoren darstellen, da die Embryonen nur kurzlebig sind oder die Impermeabilität nicht ausreicht. Die Embryonen sind daher meist abgestorben und verrottet.

Viele Arten werden zwar mit Erfolg marin verbreitet, können aber im salzigen Milieu nicht keimen oder gedeihen.

Cocos nucifera ist bestens für einen marinen Transport geeignet. Die Diasporen verfügen über

- ein glattes dichtes Exokarp,
- ein elastisches, widerstandsfähiges, schwimmfähiges und stoßdämpfendes Mesokarp wie auch
- ein steinhartes Endokarp, das den Embryo hervorragend schützt und mit eingelagertem Wasser ausreichend versorgt.

Abb. 4.42 *Entada gigas.* Samen mit Entenmuscheln (U. Hecker, Jamaika I/1994)

Aber die Embryonen besitzen nur eine begrenzte Lebensdauer, die durch Salz-
wassereinwirkung zusätzlich herabgesetzt wird. Die Keimporen stellen dünnere
Stellen dar, in die das Meerwasser eindringen kann.

Wenn *Cocos* dennoch weit an den Meeresküsten aller Inseln in den Tropen verbreitet ist, dann sind es jeweils nur wenige Diasporen, die den marinen Transport
überstehen. Wir müssen in weiten Zeiträumen denken.

Oftmals erreicht das marine Driftgut völlig andere Klimazonen. Dort ist keine
Keimung möglich. *Entada* wurde im nördlichen Eismeer durch den Golfstrom
angespült. Ich selbst fand *Entada* in der Irischen See nahe Dublin.

Zu den mitteleuropäischen Arten die marin verbreitet werden gehören *Aster
tripolium, Cakile maritima*, Crambe *maritima* und *Lathyrus maritimus*. Bei
Crambe sind die Ausbreitungseinheiten die Stylarglieder der Gliederschoten.

4.5.1.2 Ombrohydrochorie

Regenschwemmlinge

Begriffsbildung: Müller (1936)

Bei den Regenschwemmlingen werden die Diasporen aus den offen präsentierten
Behältern durch Regen herausgespült. Bei vielen Formen herrscht ausgesprochene
Hygrochasie, das heißt, das Öffnen der Früchte oder der die Diasporen bergenden
Behälter findet nur bei Feuchtigkeit statt. Wir finden besondere Anpassungen, die
den Aufprall der Regentropfen ausschließlich für eine Loslösung bzw. Freilassung
der Diasporen nutzbar machen. Außerhalb der Behältnisse findet normalerweise
kein Transport durch Regen statt. Die Regentropfen haben einen Durchmesser von
etwa 4–8 mm.

Bei *Caltha palustris* öffnen sich die Bälge anfangs xerochastisch, zur Gänze
jedoch dann hygrochastisch. Die Bälge bilden dabei eine napfförmige Auffangvor-
richtung für die Regentropfen, die die Samen herausspritzen. Ein ähnliches Verhalten zeigt *Sedum acre*.

Leptaleum filifolium – die annuelle Brassicacee aus Palästina – hat lineare
Schoten, die nach der Reife zunächst nicht dehiszieren. Von Wasser durchtränkt
erfolgt dann ein balgartiges Öffnen der Schote entlang der oberen Naht, sodass
ein kahnförmiges Gebilde entsteht. Das Septum ragt frei nach oben und trägt zu
beiden Seiten zahlreiche kleine Samen zwischen den Valven und Septen. Die
Schoten sind stets horizontal aufgespreizt mit nach oben gerichteter Öffnung.
Alsdann werden die Samen durch Regentropfen herausgespritzt.

Auch bei vielen *Mesembryanthemum*-Arten finden wir einen ähnlichen Heraus-
spritz- oder Quetschmechanismus.

Ombroballismus

Übersicht
Ombrohydrochorie – Ausbreitung durch Regen
Ombroballismus – Regenballisten
Begriffsbildung: Kerner von Marilaun (1898), Müller (1936)
abgeleitet von griech. *ombros* = Regen; *ballein, ballo* = werfen, schleudern

Ombroballismus ist der durch Regentropfen ausgelöste ballistische Hebel-mechanismus.

Ein Beispiel liefert der Winterling (*Eranthis hyemalis*; Ranunculaceae). Die Pflanze besitzt Bälge, die auf sehr elastischen, hakenförmig gebogenen Stielen sitzen. Die Dehiszenz der Bälge ist am stärksten distal, dadurch herrscht ein schaufelförmiges Aussehen vor (Abb. 4.43). Durch die Einwirkung der Regen-tropfen erfolgt ein Herunterdrücken und Emporschnellen in die Ausgangslage. Dabei werden die Samen bis zu 40 cm weit weggeschleudert (Müller 1936).

Bei *Iberis umbellata* (Brassicaceae) bilden die Fruktifizenzen eine gestauchte Traube. Im trockenen Zustand sind die dicht stehenden Fruchtstiele bogig nach oben gekrümmt (Abb. 4.44) und bilden ein geschlossenes Köpfchen. Im feuchten Zustand spreizen sie sich horizontal ab und bieten so eine vergrößerte Angriffs-fläche. Bei Regen werden die Fruchtstiele nach unten gedrückt, die Valven lösen sich von den Septen und die Samen werden weggeschleudert (Molinier und Müller-Schneider 1938).

Ombroballismus zeigt auch *Prunella vulgaris*, deren persistierende Blüten-kelche dafür sorgen, dass die Diasporen durch Regentropfen ausgebreitet werden.

Bei *Thlaspi perfoliatum* (Brassicaceae), einer annuellen Art, ist kein hygrochastischer Effekt vorhanden, die Infrukteszenzen sind auch nicht gestaucht. Durch den ballistischen Effekt wie bei *Iberis* werden Weiten von 80 cm erreicht (Müller 1955).

4.5.2 Anemochorie – Windausbreitung

Begriffsbildung: Dammer (1892)

Wir verstehen unter Anemochorie die Ausbreitung der Diasporen durch den Wind. Für eine Windausbreitung können wir viele, höchst unterschiedliche Anpassungen bzw. Strategien unterscheiden. An der Alpenflora werden 60 % der Arten anemochor ausgebreitet (Vogler 1901) In der Garigueflora Südfrankreichs sind

Abb. 4.43 *Eranthis* hyemalis. Geöffnete Bälge mit Samen (E. Woods, 9. Mai 2021)

es 51 % (Müller 1933). Nach Hurka (mündl. Mitteilung) nimmt die Anemochorie zum Äquator hin ab.

4.5.2.1 Anemoballismus

Der Wind als Agens ist nötig, um den Ballismus auszulösen und wirksam werden zu lassen.

Die Öffnungen aller dehiszierten Kapselfrüchte weisen nach oben. Aufrecht orientierte Früchte haben die Öffnung an der Spitze, hängend orientierte öffnen sich an der Basis (Abb. 4.45).

Die verlängerten Frucht- und Infrukteszenzachsen sind gewöhnlich mehr oder weniger verholzt, bleiben jedoch elastisch. Biegt man die Frucht bzw. die Infrukteszenz zur Seite und lässt sie danach frei, so erfolgt ein Zurückschnellen meist über das Ruhestadium hinaus. Bei diesem Vorgang wirken die Achsenorgane als Hebel und die Samen werden herausgeschleudert.

Papaver somniferum hat eine Porenkapsel (Abb. 4.16). Aus ihr können die Samen bis 15 m weit „fliegen".

Bei *Campanula*-Arten haben wir unter zwei verschiedenen Typen zu unterscheiden. Bei vielen Arten sind die Früchte postfloral senkrecht orientiert, mit

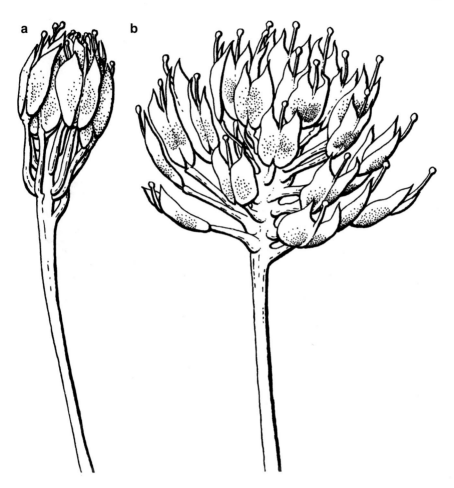

Abb. 4.44 *Iberis umbellata.* Trockener (**a**) und feuchter (**b**) Fruchtstand

dem Ergebnis, dass die Ausstreuungssporen distal angeordnet sind, zum Beispiel bei *C. persicifolia.* Demgegenüber stehen Arten, bei denen die Kapsel postfloral nach unten weist und die Poren sich an der Basis der Früchte befinden, funktionell jedoch nach oben orientiert sind, wie wir dies von *C. alliariifolia, C. latifolia, C. rapunculoides* und *C. trachelium* her kennen (Abb. 4.45). Ähnliche Erscheinungen können wir bei den Kapseln von *Eccremocarpus* (Bignoniaceae), *Begonia*, Nicandra (Solanaceae), *Ledum* (Ericaceae) und *Aristolochia*-Arten beobachten.

Auch bei kleineren Pflanzen können anemoballistische Ausbreitungseffekte wirksam sein. Bei *Bellis perennis* streckt sich postfloral die Infloreszenzachse. Die pappuslosen Früchte werden durch die Bewegung des Schafts weggeschleudert (Müller 1955).

Abb. 4.45 *Campanula*
trachelium. Hängende
Kapsel; Öffnung an der
morphologischen Basis. (Aus
Ulbrich 1928)

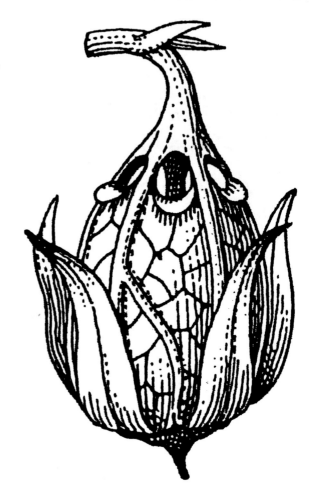

   Auch Fruchtkelche können wie bei *Potentilla fruticosa* exponierte Gehäuse
bilden, in denen die Diasporen (Nüsschen) lose liegen und erst durch die Einwirkung des Windes herausgeschleudert werden. Der Kelch führt xerochastische
Bewegungen aus. Auch die Malvacee *Malope trifida* ist hier zu nennen, bei der die
Diasporen im Kelch liegen.
   Bei *Hyoscyamus niger* und *Silene vulgaris* bilden das Perikarp und der Frucht-
kelch gemeinsame Behälter. Bei *S. vulgaris* erfolgt durch den blasenförmigen
Kelch eine Oberflächenvergrößerung und damit eine größere Angriffsfläche für
den Wind.

4.5.2.2 Körnchenflieger, Staubsamen, *dust diaspores*

Ausbreitungseinheiten, die dieser Gruppe zugehören, sind nur Samen ohne besondere Flugeinrichtungen. Reduziert sind alle Teile einer Diaspore, die Gewicht und Größe ausmachen. So fehlt bei vielen Arten das Endosperm oder ist auf nur wenige Zellen reduziert, der Embryo besteht aus wenigen Zellen, die Testa ist dünn und leicht, oft blasig aufgetrieben und dem Embryo nur lose anliegend (Abb. 4.47). Sehr interessant ist jedoch, dass die Testa trotz ihrer geringen Größe oft eine wabenartige Struktur aufweist – und das in gleichartiger Form in sehr verschiedenen Verwandtschaftskreisen (Abb. 4.46).

Zu dieser Gruppe gehören auffallend viele Parasiten, Saprophyten und Epiphyten. Eine enorme Produktion von Samen gewährleistet, dass diese hoch spezialisierten Pflanzen an geeignete Standorte bzw. Wirtspflanzen gelangen. Wichtige Pflanzenfamilien sind Orobanchaceen, Orchidaceen, Scrophulariaceen und Gesneriaceen, aber auch Campanulaceen, Droseraceen, Ericaceen, Nepenthaceen und Sarraceniaceen.

Die wohl leichtesten Samen wiegen nach Kerner von Marilaun (1891) zum Beispiel

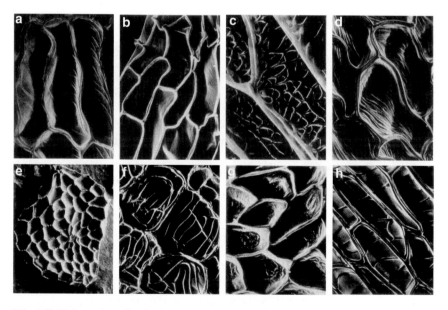

Abb. 4.46 Wabenartige Oberfläche von Staubsamen von Orchideen: **a** *Ophrys sphegodes* ssp. *spruneri*. **b** *Phalaenopsis pulcherrima*. **c** *Calypso bulbosa*. **d** *Gongora truncata*. Wabenartige Oberfläche von Samen anderer Pflanzenfamilien: **e** *Hamelia patens* (Rubiaceae). **f** *Hymenodictyon floribundum* (Rubiaceae). **g** *Gentiana asclepiadea* (Gentianacea). **h** *Buddleja davidii* (Scrophulariaceae). (Aus Rauh et al. 1975)

Abb. 4.47 *Neottia nidus-avis*. Orchideensamen. Hohlraum zwischen Embryo und Testa. (Nach Ulbrich 1928)

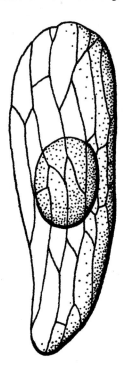

- 1 μg bei *Orobanche ionantha*,
- 2 μg bei *Goodyera repens*,
- 3 μg bei *Monotropa hypopitys* und
- 4 μg bei *Moneses uniflora*.

Die Sinkgeschwindigkeit ist sehr gering. Sie beträgt nach Müller (1955) zum Beispiel

- 2 cm/s bei *Epipogium roseum*,
- 20 cm/s bei *Epipactis palustris* und
- 25 cm/s bei *Cypripedium calceolus*.

Durch die Beschaffenheit der Testa mit oft netzartigen Leisten (Abb. 4.46) kann die Sinkgeschwindigkeit stark reduziert und eine weite horizontale Ausbreitung über beachtliche Distanzen bewirkt werden. Gleichzeitig sind die Samen nicht benetzbar (hydrophob).

Groß ist die Zahl der Gesneriaceengenera, die über Staubsamen verfügen. Stellvertretend genannt seien die Gattungen (Weber 1975, 1976)

- *Loxonia*: Malayische Halbinsel, Große Sunda-Inseln
- *Monophyllea*: SO-Asien
- *Rhynchoglossum*: SO-Asien, Pazifische Inseln
- *Whytockia*: SW-China, Taiwan

Die Gentianacee *Voyria parasitica* besitzt Staubsamen, an deren Enden jeweils ein fädig-flacher Fortsatz, der oft länger als der Samenkörper ist, anhängt (Abb. 4.110).

4.5.2.3 Ballonflieger

Von Ballonfliegern sprechen wir, wenn die Diasporen lufterfüllte Räume aufweisen, die das spezifische Gewicht herabsetzen und eine große Oberfläche bilden.

Bei vielen Orchideensamen liegt die Testa dem Embryo nur locker an, sodass sich ein lufterfüllter Hohlraum bildet (Abb. 4.47) und die winzigen Samen durch Luftströmungen weit transportiert werden können.

Häufig aber sind die Diasporen recht groß, aber relativ leicht. Gehäuft treffen wir solche Ausbreitungseinheiten in Steppen oder ariden Gebieten an. Hohlräume können auf unterschiedliche Art und Weise entstehen:

Das Perikarp ist postfloral stark vergrößert, die Samen nehmen darin nur einen kleinen Teil ein. Beispiele sind:

- *Cardiospermum halicacabum* (Sapindaceae): Florida bis tropisches Amerika
- *Colutea arborescens* (Fabaceae), SO-Europa, Mittelmeergebiet (Abb. 4.48).
- *Helleborus vesicarius* (Ranunculaceae), Kleinasien, Syrien: Die Bälge sind bis 7,5 cm lang.
- *Staphylea*-Arten (Staphyleaceae; Abb. 4.49).

Der postfloral stark vergrößerte Kelch birgt die Frucht. Beispiele sind:

- *Astragalus*-Arten (Fabaceae): Der Kelch ist postfloral stark vergrößert, die Ausbreitung erfolgt einzeln.
- *Trifolium tomentosum* (Fabaceae), Mittelmeergebiet: Der kugelförmige Fruchtstand mit den blasig vergrößerten Kelchen wird als Ganzes transportiert.
- *Tripodion tetraphyllum* (Syn. *Anthyllis tetraphylla*) (Fabaceae), Mittelmeergebiet: Die Früchte werden einzeln transportiert.
- *Valerianella vesicaria* (Valerianaceae), Mittelmeergebiet

Der Luftsack wird durch die Fruchthülle (Vorblattsack) gebildet. Beispiel ist:

- *Ostrya carpinifolia* (Betulaceae), Südeuropa, Kleinasien (Abb. 4.50).

4.5.2.4 Flügelbildungen

4.5.2.4.1 Flügelbildungen als Schütteleinrichtung

Bei vielen *Begonia*-Arten hat der unterständige Fruchtknoten ein bis drei meist unterschiedlich große Flügel, die Windfänge darstellen und von Luftbewegungen lebhaft hin und her geschüttelt werden. Die feinen Samen fallen dabei aus und werden als Körnchenflieger ausgebreitet. Die Fruchtöffnungen sind basal, da die

Abb. 4.48 *Colutea arborescens.* Frucht

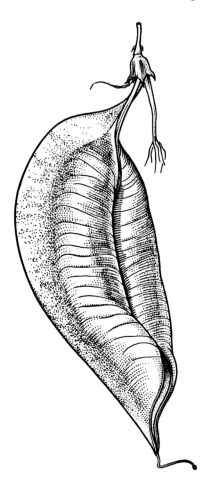

Früchte jedoch hängen sind sie nach oben gerichtet, was ein Ausschütteln und kein einfaches Herausfallen der Samen bewirkt (Abb. 4.51).

Die Brassicaceen *Lunaria annua* und *L. rediviva* haben kreisförmige bzw. ellipsoide, anguiseptate Schoten. Zur Fruchtreife fallen die Valven ab und das Septum bleibt im Replum eingespannt und wird vom Wind geschüttelt, wobei die am Replum haftenden, flachen Samen anemochor verbreitet werden. *Dioscorea caucasica* bildet dreiflügelige Früchte. Aus den dehiszierten Kapseln werden die Samen ausgeweht.

Flügelflieger Flügelbildungen dienen dazu, die Aufenthaltszeit im Lauftraum auszudehnen und dadurch höhere Reichweiten der Ausbreitungseinheit zu erzielen. Begünstigend wirken ein geringes Gewicht und bisweilen auch ein vergrößertes Volumen. Solche Flügelbildungen finden wir an Infrukteszenzen, Früchten oder Samen.

Abb. 4.49 *Staphylea colchica.* Frucht

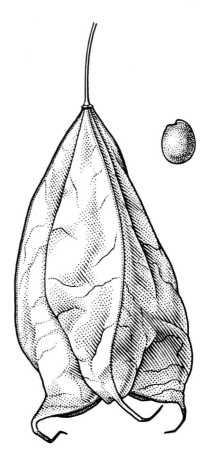

4.5.2.4.2 Flügelbildungen an der Infrukteszenz

Bei der Gattung *Tilia* hängen die Fruchtstände teilweise bis in den Winter oder das zeitige Frühjahr hinein. Die Ausbreitung erfolgt erst nach dem Laubfall, wo der Wind gut eingreifen kann.

Der Flügel wird aus dem α-Vorblatt, das zur Hälfte mit der Infrukteszenzachse verwachsen ist, gebildet. Es findet eine Transposition der Vorblätter statt: Das β-Vorblatt gehört der Achselknospe an (Abb. 4.52).

Die Fruchtstände hängen nach unten, der Schwerpunkt wird durch eine oder mehrere Nüsse gebildet, die an der Infrukteszenz verbleiben. Der Vorblattflügel hängt schräg nach unten. Beim freien Fall wird das schwach korkenzieherartig gedrehte Vorblatt in eine Drehbewegung versetzt. Durch Verlangsamung des Fallens und Luftbewegungen wird eine mehr oder weniger weite seitliche Ausbreitung ermöglicht.

Abb. 4.50 *Ostrya carpinifolia*. Frucht im Vorblattsack

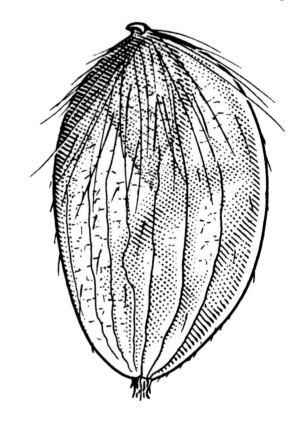

Abb. 4.51 *Begonia semperflorens*

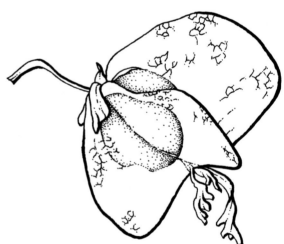

Abb. 4.52 *Tilia tomentosa.*
Infrukteszenz mit α-Vorblatt

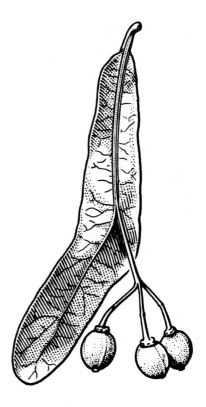

Bei *Carpinus betulus* sind es die Vorblätter des Fruchtstands erster und zweiter Ordnung, die miteinander verwachsen sind, an denen die Frucht angeheftet ausgebreitet wird (Abb. 4.53).

4.5.2.4.3   Scheibenflieger

Die Ausbreitungseinheiten sind von einem einheitlichen Flügelsaum umgeben. Der Schwerpunkt befindet sich in der Mitte. Die Ausbreitungseinheiten sinken im Gleitflug zu Boden, wobei sie, je nach Luftströmungen, mehr oder weniger große Kurven beschreiben können.

Früchte
Beispiele, bei denen der Flügelsaum in der Längsachse der Frucht ausgebildet ist:

- *Ateleia popenoei* (Fabaceae), Bahamas
- *Eucommia ulmoides* (Eucommiaceae), Zentralchina
- *Holoptelea grandis* (Ulmaceae), tropisches Afrika
- *Monnina*-Arten (Polygalaceae), pazifisches Amerika
- *Peltaria alliacea* (Brassicaceae), SO-Europa (Abb. 4.54)

Abb. 4.53 *Carpinus betulus.*
Frucht mit Vorblättern des
Fruchtstands erster und
zweiter Ordnung

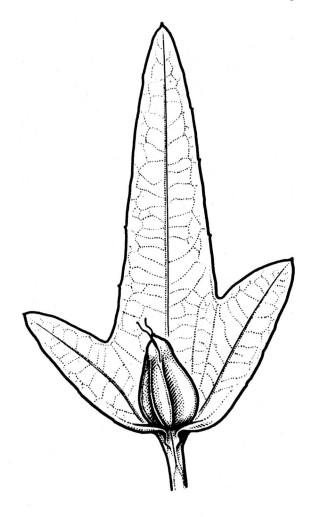

- *Ptelea*-Arten (Rutaceae), Nordamerika (Abb. 4.55)
- *Pterocarpus*-Arten (Fabaceae), Afrika (Abb. 4.56)
- *Pteroceltis tatarinowii* (Cannabaceae), Nordchina, Mongolei
- *Terminalia kilimandscharica* (Combretaceae), Kenia (Abb. 4.57)
- *Trigonella cretica* (Fabaceae), Kleinasien (Abb. 4.58)
- *Ulmus glabra* (Ulmaceae), Europa, Kleinasien (Abb. 4.59)

Beispiele bei denen die Flügelbildungen senkrecht zur Längsachse verlaufen:

- *Cycloma atriplicifolia* (Amaranthaceae), Nordamerika
- *Paliurus spina-christi* (Rhamnaceae), östliches Mittelmeergebiet (Abb. 4.60)

Teilfrüchte

- Genus *Aspidopterys* (Malpighiaceae), Himalaja, China, Malaysia

Abb. 4.54 *Peltaria alliacea.*
Frucht

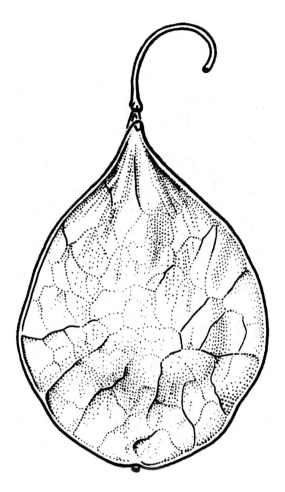

- *Dipteronia sinensis* (Sapindaceae), Westchina
- Genus *Mascagnia* Bert. (Malpighiaceae), tropisches Amerika
- *Rindera tetraspis* (Boraginaceae), SO- und Osteuropa: Teilfrüchte sind hier scheibenförmige Klausen.
- *Triaspis hypericoides* (Malpigniaceae), Südafrika

Samen

- *Iris, Lilium, Tulipa*
- *Anchietea pyrolifolia* (Syn. *A. salutaris;* Violaceae), Südamerika
- *Aristolochia hians* (Aristolochiaceae), Venezuela
- *Aspidosperma* (Apocynaceae), tropisches Amerika: Samen bis 10 cm Durchmesser. Zwischen den Epidermen befindet sich ein vielschichtiges, lufterfülltes Parenchym.
- *Gentiana asclepiadea*: Zellen der Flughaut bilden das Stützgerüst.

Abb. 4.55 *Ptelea trifoliata.*
Frucht

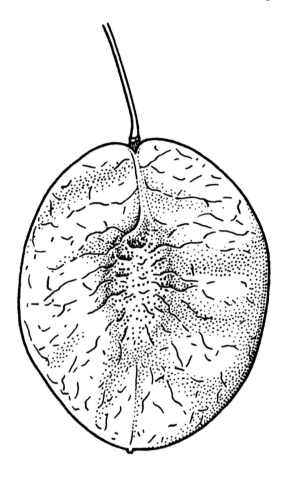

4.5.2.4.4 Segelflieger

Die Diasporen bewegen sich nach dem Gleitflugtypus. Im Gegensatz zu den Scheibenfliegern existiert kein einheitlicher Flügelsaum, sondern es sind entweder zwei Flügel mit dazwischenliegendem Schwerpunkt, der den Samen enthält, vorhanden oder ein einheitlicher Flügel mit einem „Kern" an seiner Vorderkante. Der Umriss des Flügels ist daher halbkreis- oder sichelförmig. Der Schwerpunkt liegt im Median, aber exzentrisch vorne. Der Flügel ist oft nicht gerade, sondern an den Enden nach oben gebogen. Die Flugbahn ist ein Gleitflug in großer Spirale. Segelflieger kommen fast nur bei Gehölzen vor. Von Nutzen ist eine gute Starthöhe.

- *Incarvillea olgae* (Bignoniaceae), Turkestan
- *Linaria vulgaris* (Plantaginaceae): Der Flügelsaum ist etwas kleiner als der scheibenförmige Samenkörper.

Abb. 4.56 *Pterocarpus marsupium*. Frucht

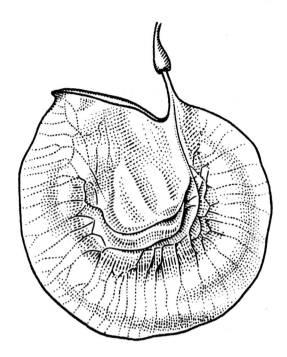

- *Maurandya scandens* (Scrophulariaceae), Mexiko: Typisch sind zwei aneinanderschließende Hautflügel und kleine schuppenförmige Flügel. Die Flügel werden aus schlauchförmigen, lufterfüllten Zellen mit netzartigen Wandverdickungen gebildet.
- *Piptadeniastrum africanum* (Fabaceae), Sudan

Früchte
Bei den Früchten handelt es sich in der Regel um Flügelnüsse. Sie sind relativ selten und im Gegensatz zu den meisten Samen keine optimalen Segler.

- *Betula*: Die Flügel bestehen nur aus zwei Zelllagen. Der Flugapparat ist durch verdickte Radialwände versteift. Die Randverstärkung erfolgt durch am Rand parallel verlaufende Zellen. Bei *Betula maximowicziana* sind die Flügel zwei- bis dreimal so breit wie der Samenkörper (Abb. 4.61).
- *Illigera trifoliata* (Hernandiaceae), Malaya: Die Flügel sind 3–5 cm lang und seitlich verholzt.
- *Terminalia* (Combretaceae): Die in den Tropen verbreitete Gattung verfügt über einsamige, mehr oder weniger stark verholzte Ausbreitungseinheiten.

Teilfrüchte

- *Entada abyssinica* (Fabaceae, Mimosoideae), tropisches Afrika: Die Ausbreitungseinheiten sind Teile der Gliederrahmenhülse. Das lederartige Exokarp löst sich. Die Teilfrüchte sind von einem verholzten Endokarp umgeben.

Abb. 4.57 *Terminalia kilimandscharica.* Frucht

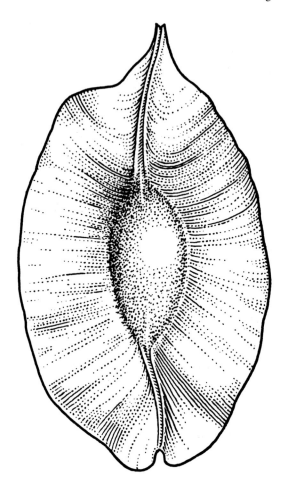

Samen

Sie sind häufig bei Lianen zu finden.

- Bignoniaceae: Große Häufig- und Mannigfaltigkeit. Die Zellen sind meist reihenförmig angeordnet, parallel zur Längsseite, und dadurch gegen seitliches Einreißen geschützt. An den Enden sind sie hingegen oft ausfransend. Die Radialwände, aber auch der Innenschichten der Epidermiszellen sind verdickt. Ferner finden sich netzartige oder spiralige Leisten. Die Samen liegen in den Früchten wie die Seiten eines Buchs dicht aufeinander, lösen sich zeitig vom Funiculus. Die Dehiszenz der Kapseln erfolgt so, dass die Flugsamen einfach nach unten fallen können.
  - *Amphilophium* (Syn. *Pithecoctenium;* Liane), tropisches Amerika
  - *Bignonia aequinoctialis* (Liane), tropisches Amerika: Die Samen sind bis 5 m breit (Abb. 4.62)

Abb. 4.58 *Trigonella cretica.*
Frucht

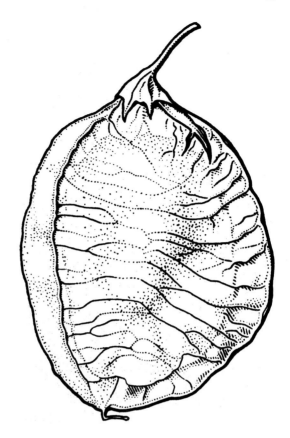

- *Campsis* (Liane), Ostasien, Nordamerika
- *Catalpa speciosa* (Baum), Nordamerika: Die Flügel an den Enden fädig auf-
  gegliedert (Abb. 4.63)
- *Godmania aesculifolia* (Baum), tropisches Amerika
- *Oroxylum indicum* (Baum), Indomalesien: Die Samen sind 7,7 × 3,75 cm
  groß.
- *Spathodea campanulata* (Baum), Afrika (Abb. 4.64)
- Combretaceae:
  - *Anogeissus leiocarpus*, Sahelzone Afrikas
- Rubiaceae:
  - *Cinchona* (Bäume), tropisches Amerika
  - *Hymenodictyon* (Bäume), tropisches Afrika, Madagaskar, tropisches Asien
- Cucurbitaceae:
  - *Alsomitra* (Syn. *Macrozanonia*) *macrocarpa* (Liane) SO-Asien: Liane
    der Sunda-Inseln. Die Früchte sind groß und fast kugelförmig und öffnen
    sich an der Spitze dreiklappig. Sie entlassen die Samen, die das Innere der

Abb. 4.59 *Ulmus glabra.*
Frucht

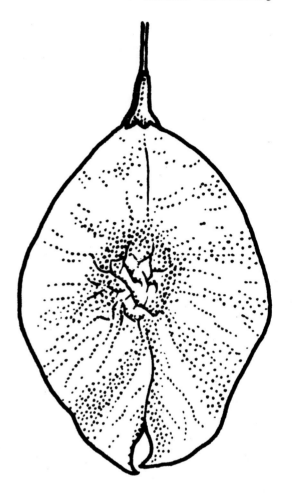

Fruchtwand wie eine Tapete auskleiden. Die Samen sind 13–15 cm breit, 5 cm lang und haben ein Gewicht von 0,3 g. (Abb. 4.65). Ignaz (Igo) Etrich (1879–1967) baute nach dem Vorbild des Samens ein Flugzeug, die Etrich-Taube.

4.5.2.4.5 Schraubenflieger (Samaras)

Begriffsbildung Samara: Gaertner (1788)

Lag bei Scheiben- und Segelfliegern der Schwerpunkt der Diasporen in der Mitte oder im Median und vermittelten die Randflügel bei gleichmäßiger Ausbildung einen Gleitflug ohne Wirbelbewegungen, so sind die Schraubenflieger exzentrisch gebaut. Sie haben meist nur einen seitlich sitzenden Flügel als Bewegungsorgan,

Abb. 4.60 *Paliurus spina-christi.* Frucht

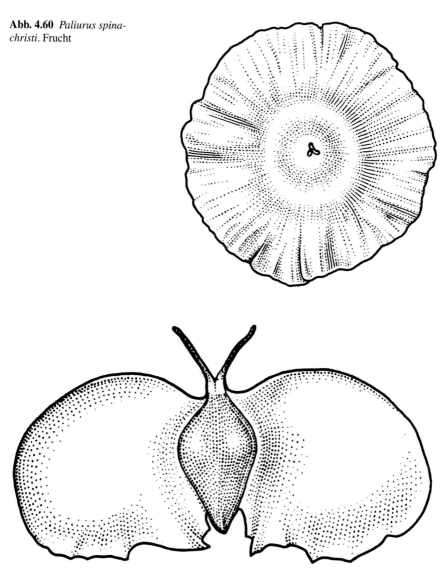

Abb. 4.61 *Betula maximowicziana.* Frucht

an dessen Schmalseite der Schwerpunkt liegt. Die Flügelbildungen sind bei ver-schiedenster morphologischer Wertigkeit von recht gleichförmigem Bau. Die vordere Längskante ist mechanisch sehr fest und stabil gebaut, gerade oder sanft gebogen. Die gegenüberliegende Kante hingegen ist dünn und nicht oder kaum gefestigt, ihr Umriss stärker gebogen.

Der Schwerpunkt liegt seitlich und nach vorn verschoben. Beim freien Fall – meist vom Baum – gelangen die Diasporen in eine sehr schnelle, rotierende,

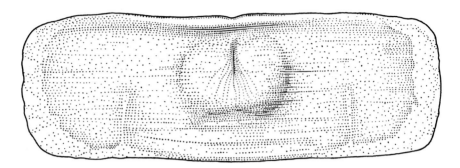

Abb. 4.62 *Bignonia aequinoctialis.* Samen

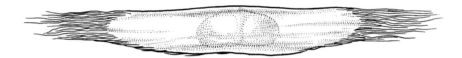

Abb. 4.63 *Catalpa speciosa.* Samen

Abb. 4.64 *Spathodea campanulata.* Samen

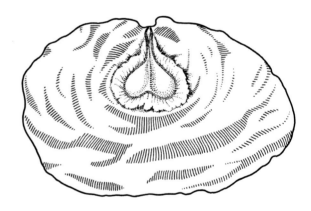

Abb. 4.65 *Alsomitra macrocarpa.* Samen

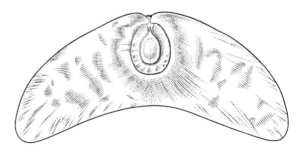

schraubige Bewegung, wobei die mechanisch verstärkte Kante nach vorn gerichtet ist.

Früchte

- *Butea superba* Roxb. (Fabaceae, Faboideae), Indomalesien, China
- *Casuarina stricta* (Casuarinaceae), Australien (Abb. 4.66)
- *Fraxinus raibocarpa* (Oleaceae), Turkestan (Abb. 4.67)
- *Gossweilerodendron balsamiferum* (Fabaceae, Caesalpinoideae), Gabun

Abb. 4.66 *Casuarina stricta.* Frucht

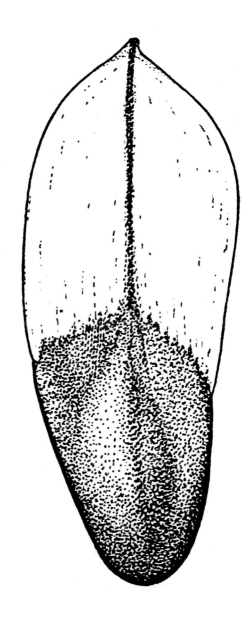

Abb. 4.67 *Fraxinus raibocarpa.* Frucht

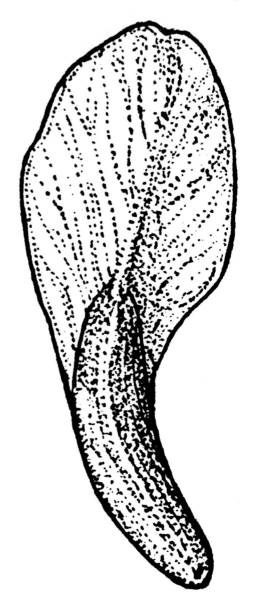

- *Hylodendron gabunense* (Fabaceae, Caesalpinoideae), Gabun
- *Loxopterygium sagotii* (Anacardiaceae), Guayana
- *Machaerium* spec. (Fabaceae, Faboideae), tropisches Amerika
- *Myroxylon balsamum* (Malpighiaceae), Südamerika (Abb. 4.68)
- *Prioria oxyphylla* (Syn. *Pterygopodium oxyphyllum*) (Fabaceae, Caesalpinoideae), Gabun
- *Pterogyne nitens* (Fabaceae, Caesalpinoideae), Südamerika

Abb. 4.68 *Myroxylon balsamum.* Frucht

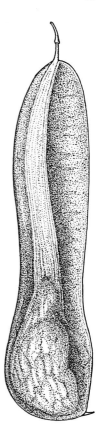

- *Pterolobium stellatum* (Fabaceae, Caesalpinoideae), Ostafrika (Abb. 4.69)
- *Rajania cordata* (Dioscoreaceae), Kuba
- *Schinopsis balansae* (Anacardiaceae), Argentinien
- *Securidaca* (Polygalaceae), tropisches Afrika (Abb. 4.70)
- *Sweetia fruticosa* Spreng. (Fabaceae, Faboideae), Brasilien
- *Tipuana tipu* (Fabaceae), Südamerika (Abb. 4.71)

Teilfrüchte

- *Acer*-Arten: Die Früchte besitzen eine mechanische Vorderkante aus einem Ring von Leitbündeln, die von starken Bastscheiden begleitet sind. Das Stütz-gerüst des Flügels besteht aus Leitbündeln, die vom Hauptbündel ausstrahlen, wodurch sich eine fast netzartige Struktur ergibt (Abb. 4.72).
- *Acridocarpus smeathmannii* (Malpighiaceae), tropisches Westafrika
- *Barnebya dispar* (Malpighiaceae), Brasilien
- *Heritiera* (Malvaceae), tropisches Afrika bis Australien
- *Heteropterys* (Malpigiaceae), Südamerika (Abb. 4.73)
- *Hoheria populnea* (Malvaceae), Neuseeland

Abb. 4.69 *Pterolobium*
stellatum. Frucht

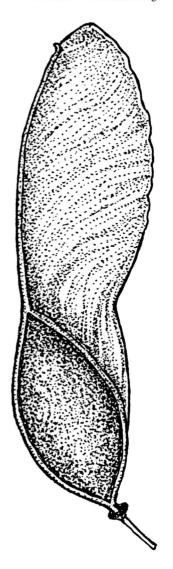

- *Hymenocardia* (Phyllanthaceae), tropisches Afrika
- *Serjania triquetra* (Sapindaceae), tropisches Amerika
- *Stigmaphyllon ellipticum* (Malpighiaceae), tropisches Amerika
- *Tarrietia argyrodendron* (Malvaceae), Australien (Abb. 4.74)
- *Thinouia* (Sapindaceae), Brasilien
- *Trigoniastrum hypoleucum* (Trigoniaceae), Malesien
- *Triplochiton zambesiacus* (Malvaceae), tropisches Afrika

Abb. 4.70 *Securidaca longipedunculata.* Frucht

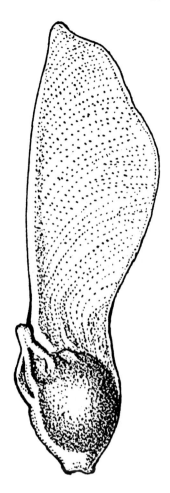

Samen

- *Cedrela-* und *Entandophragma-*Arten (Meliaceae)
- *Cercidiphyllum japonicum* (Cercidiphyllaceae), Japan (Abb. 4.75)
- *Dioscorea-* und *Rajania-*Arten (Dioscoreaceae)
- *Entandophragma utile* (Meliaceae), tropisches Afrika
- *Hakea-*Arten (Proteaceae), Australien
- *Hippocratea-*Arten (Celastraceae), tropisches Amerika
- *Lagerstroemia indica* (Lythraceae), Ostasien
- *Larix-, Picea-, Pinus-, Pseudotsuga-* und *Tsuga-*Arten (Pinaceae): Der Flügel ist nicht ein Teil des Samens, sondern löst sich von der Samenschuppe, die mit dem Samen mehr oder weniger fest verbunden ist. Der Flügel ist einschichtig, nur an der Flügelkante mehrschichtig. Die Zapfenöffnung erfolgt xerochastisch (Abb. 4.76)
- *Liquidambar orientalis* (Altingiaceae), Kleinasien (Abb. 4.77)

Abb. 4.71 *Tipuana tipu.*
Frucht

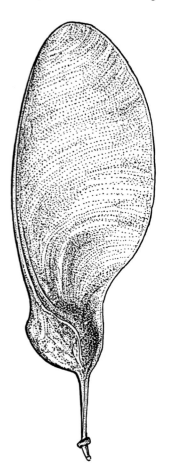

- *Luehea divaricata* (Malvaceae), Brasilien
- *Plumeria rubra* (Apocynaceae), tropisches Amerika
- *Pseudocedrela kotschyi* (Meliaceae), tropisches Afrika
- *Ptaeroxylon obliquum* (Rutaceae), Namibia
- *Qualea grandiflora* (Vochysiaceae), Brasilien
- *Quillaja saponaria* (Rosaceae; Strauch), Chile
- *Tetractomia barringtonioides* (Rutaceae), Celebes
- *Vochysia guatemalensis* (Vochysiaceae), Zentralamerika
- *Xylomelum occidentale* (Proteaceae), Australien (Abb. 4.78)

4.5.2.4.6   Schraubendrehflieger

Der Unterschied zu den Schraubenfliegern liegt im Flügelbau. Die verstärkte
Vorderkante fehlt, daher ist der Flügel an den beiden seitlichen Längskanten dünn.

Abb. 4.72 *Acer trautvetteri.*
Teilfrucht

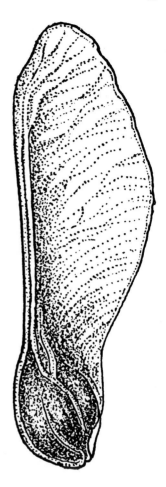

Bisweilen ist der mediane Flügelbereich verdickt. Beim freien Fall resultiert nicht nur eine schraubenförmige Flugbahn, es erfolgt zusätzlich eine Drehung um die eigene Längsachse. Der Schwerpunkt liegt in der Regel exzentrisch an einer Kurzkante des Flügels. Schraubendrehflieger treffen wir wohl nur bei Früchten und Teilfrüchten an.

Teilfrüchte

- *Ailanthus*-Arten (Simaroubaceae): Abweichend vom allgemeinen Bau ist der Flügel zwar im Umriss länglich, der Schwerpunkt liegt aber in der Mitte. Zudem ist die obere Flügelspitze leicht gedreht (Abb. 4.79).
- *Liriodendron*-Arten (Abb. 4.80)

Abb. 4.73 *Heteropterys chrysophylla.* Teilfrucht

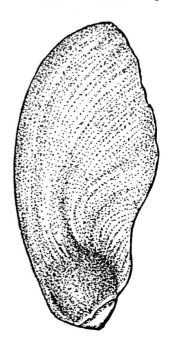

Früchte

- *Afrobrunnichia erecta* (Polygonaceae), tropisches Westafrika (Abb. 4.81)
- *Fraxinus excelsior* und weitere Arten (Oleaceae): Die Platte des Flügels besteht aus sklerenchymatischem Stützgewebe (Abb. 4.82).
- *Plenckia populnea* (Celastraceae), Brasilien (Abb. 4.83)
- *Ventilago*-Arten (Rhamnaceae), tropisches Afrika (Abb. 4.84)

4.5.2.4.7 Drehwalzenflieger

An der Ausbreitungseinheit befinden sich drei- oder mehrkantige Flügel. Wir begegnen dem Phänomen bei vielen Familien. Es sind meist Gehölze, aber auch krautige Steppenpflanzen.

Früchte

- *Antigonon leptopus* (Polygonaceae), Mexiko
- *Cavanillesia*-Arten (Malvaceae), tropisches Amerika
- *Combretum*-Arten (Combretaceae), Tropen (Abb. 4.85)
- *Dodonaea viscosa* (Sapindaceae), tropisches Amerika (Abb. 4.86)
- *Halesia carolina* (Styracaceae), Nordamerika (Abb. 4.87)

Abb. 4.74 *Tarrietia argyrodendron.* Teilfrucht

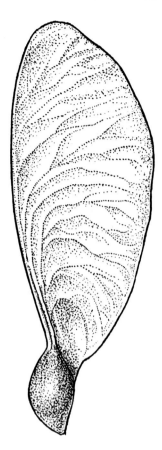

- *Holubia saccata* (Pedaliaceae), Südafrika (Abb. 4.113)
- *Oenothera macrocarpa* (Onagraceae), Nordamerika
- *Oxyria digyna* (Polygonaceae), Eurasien
- *Phaeoptilum spinosum* (Nyctaginaceae), Namibia
- *Piscidia piscipula* (Fabaceae), tropisches Amerika
- *Pterodiscus*-Arten (Pedaliaceae)
- *Rheum*- und *Rumex*-Arten (Olygonaceae)
- *Roeperia* (Syn. *Zygophyllum*) *morgsana* (Zygophyllaceae), Namibia
- *Tripterygium wilfordii* (Celastraceae), Ostasien (Abb. 4.88)

Samen

- *Crawfurdia volubilis* (Gentianaceae), Ostasien
- *Moringa oleifera* Lam. (Moringaceae), Indien (Abb. 4.89)

Abb. 4.75 *Cercidiphyllum japonicum.* Samen

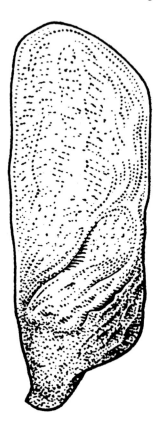

4.5.2.4.8 Federballflieger

Ausbreitungseinheiten, die wir als Federballflieger bezeichnen, tragen an ihrem Oberende einen Hautsaum oder einen Kranz von Flügeln, der die Einheit beim Fallen bremst oder gar in drehende Bewegungen versetzt. Flügel oder Flügelkranz werden aus dem Kelch oder der Krone gebildet, diese wachsen postfloral zu oft recht beträchtlicher Größe heran. Die Flügel sind oft nach außen gekrümmt und mitunter etwas korkenzieherartig gedreht. Bildungen dieser Art finden wir in verschiedenen Verwandtschaftskreisen, vor allem bei Gehölzen, gehäuft bei Vertretern der Dipterocarpaceen. Es ist eine vorwiegend im tropischen Asien und Afrika vertretene Pflanzenfamilie mit 16 Gattungen. Nach Stopp (1952) bilden fünf, drei oder zwei der Sepalen den Flugapparat. Aus dem Spektrum seien folgende Gattungen genannt:

- *Dryobalanops*, Monotes und *Vatica*: Alle fünf Sepalen sind gleich gestaltet und bilden das Flugorgan der einsamigen Nüsse.
- *Shorea*: Drei der fünf Sepalen sind postfloral stark vergrößert, zwei bleiben kleiner.

Abb. 4.76 *Pinus brutia.*
Samen

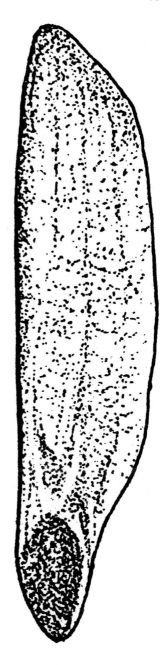

Abb. 4.77 *Liquidambar*
orientalis. Samen

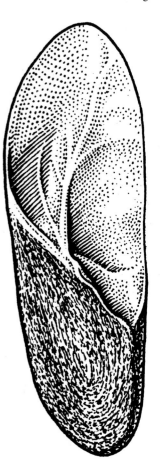

- *Dipterocarpus*: Zwei der fünf Sepalen sind schon floral größer als die anderen; zur Fruchtreife sind sie stark vergrößert, drei weitere bleiben kleiner. Bei *Dipterocarpus grandiflorus* erreichen die Flügel eine Länge von 25 cm und eine Breite von 5–6 cm. Die Nüsse sind 30 g schwer. Die Sinkgeschwindigkeit beträgt nach Dingler (1915) 3 m/s. Er errechnete, dass die Ausbreitungsdistanz das Zwei- bis Dreifache der Fallhöhe ausmacht und die Wirksamkeit selbst so schwerer Früchte gewährleistet ist.
- *Anisoptera* und *Hopea*: Das Flugorgan wird von zwei postfloral vergrößerten Sepalen gebildet.

Krautige Pflanzen

- *Actinolema macrolema* (Apiaceae): Die Frucht ist von fünf bis sechs kranzförmig angeordneten Brakteen umgeben (Abb. 4.90).
- *Kissenia*-Arten (Loasaceae), Afrika: Die fünf Sepalen der zweisamigen Früchte wachsen postfloral zu großen Flugorganen aus.

Abb. 4.78 *Xylomelum*
occidentale. Samen

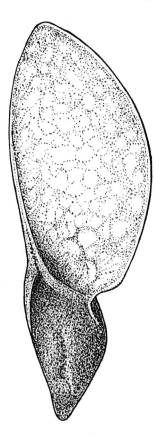

- *Lagoecia cuminoides* L. (Apiaceae), Mittelmeergebiet: Die Brakteen, Brakteolen und Sepalen sind stark aufgegliedert. Die Ausbreitungseinheiten sind einfrüchtige, kleine Gebilde, in die der Fruchtstand zur Reifezeit zerfällt (Abb. 4.91).
- *Scabiosa*-Arten und *Lomelosia* (Syn. *Tremastelma) palaestina*: Der Flugapparat wird hier vom Außenkelch gebildet, der einen einheitlichen, dünnwandigen Saum darstellt.

Gehölze

- *Alberta magna* (Rubiaceae), Südafrika: Zwei der fünf Kelchblätter wachsen postfloral zu langen Flugorganen aus (Abb. 4.92).
- *Ancistrocladus korupensis* (Ancistrocladaceae), tropisches Westafrika: Die fünf Sepalen wachsen postfloral zu Flügeln aus.
- *Astronium* (Anacardiaceae), tropisches Amerika, Westindien: Der fünfteilige Kelch vergrößert sich postfloral stark.
- *Dirichletia pubescens* (Rubiaceae), Afrika, Madagaskar: Der asymmetrische, flächig ausgebildete, persistierende Kelch dient als Flugorgan.

Abb. 4.79 *Ailanthus altissima.* Teilfrucht

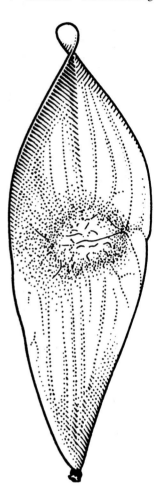

- *Erisma* (Vochysiaceae), Südamerika: Die Pflanze hat zweisamige Schließfrüchte, bei denen zwei der fünf Sepalen postfloral auswachsen und zu Flügeln werden.
- *Erismadelphus* (Vochysiaceae), tropisches Westafrika: Von den fünf Sepalen mit ihrer Länge von 6–7 mm verlängern sich postfloral zwei bis drei auf 2,7–6 cm und werden zu Flügeln, während sich die restlichen Sepalen nur geringfügig vergrößern.
- *Getonia floribunda* (Combretaceae): Bei diesem Spreizklimmer aus Indomalesien persistieren und vergrößern sich die fünf Sepalen zu einem Flugorgan.
- *Gyrocarpus* (Hernandiaceae): Zwei Kelchblätter bilden den Flugapparat (Abb. 4.93)

Abb. 4.80 *Liriodendron tulipifera.* Teilfrucht

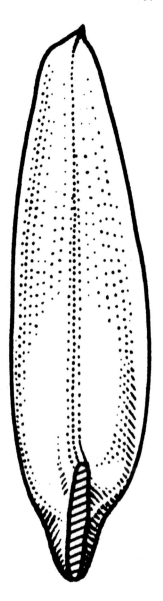

- *Lophira alata* (Ochnaceae): Zwei der fünf Kelchblätter wachsen postfloral; das eine wird 2,5–5 cm, das andere 8–10 cm lang.
- *Loxostylis alata* (Anacardiaceae), Südafrika: Der fünfteilige Kelch vergrößert sich postfloral zu einem Flugorgan.
- *Nematostylis anthophylla* (Rubiaceae), Madagaskar: Ein vergrößertes Kelchblatt dient als Flugorgan.

Abb. 4.81 *Afrobrunnichia erecta.* Frucht

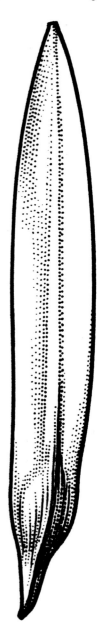

- *Otomeria* (Rubiaceae), tropisches Afrika, Madagaskar: Eines der vier bis fünf Sepalen persistiert und wächst postfloral zu einem Flugorgan aus.
- *Parishia insignis* (Anacardiaceae), SO-Asien: Das Flugorgan ist ein postfloral vierteiliger, stark flügelförmig, bis zu einer Länge von 10 cm vergrößerter Kelch.

Abb. 4.82 Fraxinus excelsior,
Frucht *Afrobrunnichia erecta.*
Frucht

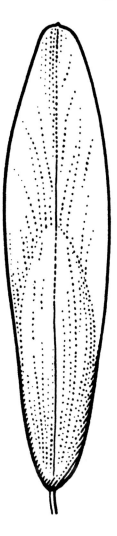

- *Petrea volubilis* (Verbenaceae), tropisches Amerika: Die fünf persistierenden Sepalen bilden den Flugapparat (Abb. 4.94).
- *Porana* (Convolvulaceae), SO-Asien, Mexiko: Die Sepalen sind postfloral unterschiedlich stark vergrößert.
- *Portlandia* (Rubiaceae), Westindien: Der gesamte fünfteilige Kelch persistiert und dient als Flugorgan.
- *Swintonia spicifera* (Anacardiaceae), SO-Asien: Die fünfgliedrige Krone persistiert und bildet den Flugapparat oberhalb der Steinfrucht (Abb. 4.95).
- *Triplaris* (Polygonaceae): Die drei persistierenden Blütenhüllzipfel bilden den Flugapparat (Abb. 4.96a).

Abb. 4.83 *Plenckia*
populnea. Frucht. (Nach
Martius 1840)

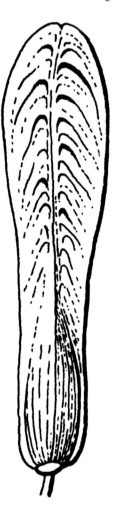

Flügelbildungen am Samen, die sich keiner der erwähnten Kategorien eindeutig zuordnen lassen, finden wir bei der ostasiatischen Paulowniaceengattung
Paulownia, die in Mitteleuropa häufig angepflanzt ist. Die im Herbst reifen, aus
zwei Karpellen gebildeten Kapseln öffnen sich erst im Januar und entlassen die
etwa 3200 mehrfach geflügelten, etwa 4 mm langen Samen (Abb. 4.96b), die aufgrund ihrer vergrößerten Oberfläche und ihres geringen Gewichts durch den Wind
weit ausgebreitet werden.

Abb. 4.84 *Ventilago africana.* Frucht

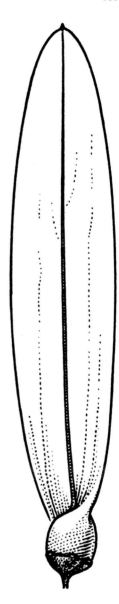

4.5.2.5 Ausbreitungseinheiten mit Haarbildungen

Wie bei den Flügelbildungen ist auch hier das Prinzip der Verringerung des spezifischen Gewichts durch Oberflächenvergrößerung wirksam. Damit wird der Luftwiderstand beträchtlich erhöht und die Sinkgeschwindigkeit verringert. Haare sind bei Samen meist einzellig, bei Früchten auch mehr- oder vielzellig. Die Zellen sind zudem oft mit starken Wandverdickungen ausgestattet. Im Querschnitt sind

Abb. 4.85 *Combretum molle.*
Frucht

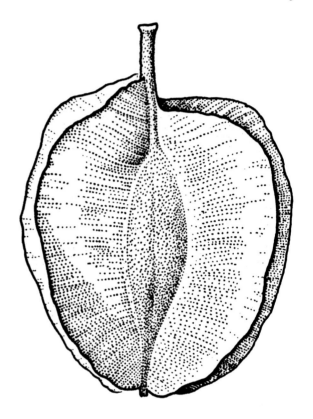

die Haare meist rund und im abgestorbenen Zustand mit Luft erfüllt. Häufig treffen wir diese Ausbreitungseinheiten in offenen Vegetationsbereichen an.

4.5.2.5.1   Diasporen mit allseitigem Haarkleid

Früchte und Karpidien

- *Adesmia* (Fabaceae), Südamerika: Die Pflanze hat Federhülsen.
- Genus *Anemone*, vorwiegend aus der Sektion (sect.) *Eriocephalus (A. coronaria, A. hupehensis, A. sylvestris)*
- *Arctotis*-Arten (Asteraceae), Südafrika
- *Astragalus vulpinus* (Fabaceae), Südrussland
- *Calligonum*-Arten (Polygonaceae), West- bis Mittelasien
- *Lasiospermum bipinnatum* (Asteraceae), Südafrika
- *Isopogon-*, *Leucadendron-* und *Protea*-Arten (Proteaceae), Australien, Südafrika
- *Tarchonanthus camphoratus* (Asteraceae), Arabien, Afrika

Abb. 4.86 *Dodonaea viscosa.* Frucht

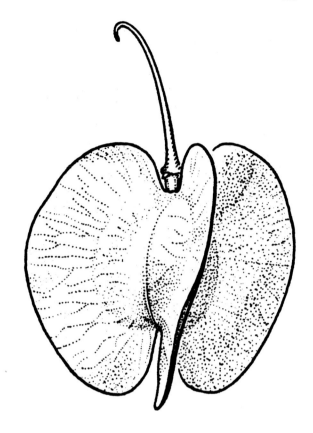

Samen

- *Bombax ceiba* (Asiatischer Kapokbaum; Malvaceae), tropisches Afrika bis Australien
- *Ceiba pentandra* (Malvaceae; Kapokbaum), tropisches Amerika: Die Haare sind bis 5 cm lang und aufgrund ihrer leichten Verholzung nicht verspinnbar.
- *Cochlospermum orinocense* (Bixaceae), SW-Afrika (Abb. 4.97)
- *Gossypium barbadense* (Malvaceae), tropisches Amerika: Die Fasern sind 3–4 cm lang.
- *Gossypium hirsutum* (Malvaceae), Zentralamerika: Die Fasern sind 2–3 cm lang.
- *Hibiscus* (Sektion *Bombycella; H. elliottiae, H. hirtus, H. micranthus*), Madagaskar, Südasien, tropisches Amerika
- *Ipomoea adenioides* (Convolvulaceae, Sektion *Eriospermum*), Somalia bis Südafrika (Abb. 4.98)
- *Ipomoea murucoides* (Convolvulaceae), Guatemala, Mexiko (Abb. 4.99)

Abb. 4.87 *Halesia carolina.*
Frucht

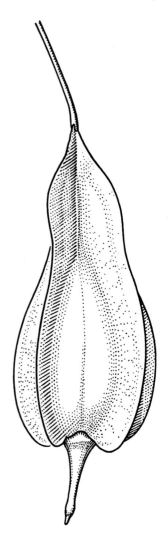

4.5.2.5.2   Haarkranzflieger

Allgemein handelt es sich um relativ seltene Bildungen. Haarkränze finden sich in Form eines einfachen, aber oft kompliziert gebauten Rings von Haaren.

Früchte

- *Heliocarpus americanus* (Malvaceae), Zentral- u. Südamerika: Es finden sich Strahlenhaare mit kurzen Haarbildungen, die mit den Nachbarstrahlen nicht verbunden sind.

Abb. 4.88 *Tripterygium wilfordii*. Frucht

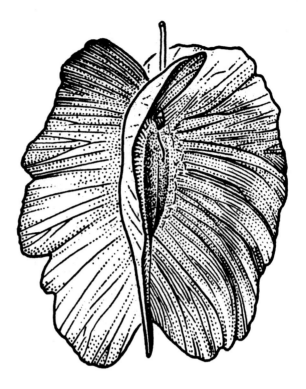

- *Tinnea rhodesiana* (Lamiaceae), Südafrika: Es handelt sich um Klausen mit schildförmigem Haarkranz. Die Strahlen sind durch kurze, feine Haare miteinander vernetzt (Abb. 4.100).
- *Verticordia oculata* (Myrtaceae): Der Flugapparat wird vom Kelch gebildet, die Sepalen sind fadenförmig gegliedert (Abb. 4.101).

Samen

- *Cochlospermum orinocense* (Abb. 4.97)
- *Hibiscus syriacus* (Malvaceae), China, Indien
- *Ipomoea murucoides* (Convolvulaceae), Peru, Chile (Abb. 4.99)
- *Silene pusilla* (Caryophyllaceae), Europa
- *Trichospermum richii* (Malvaceae), Samoa, Fidschi

4.5.2.5.3   Schopfflieger

Die Schopfhaare sitzen der Diaspore pinselartig an.

Früchte

- *Arundo donax* (Poaceae), Mittelmeergebiet: Die Spelzen sind dicht behaart.

Abb. 4.89 *Moringa oleifera.*
Samen

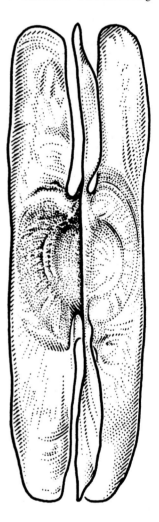

- *Eriophorum vaginatum* (Cyperaceae): Die Perianthbildung erfolgt am Unter-
  ende der Diaspore.
- *Phragmites australis* (Poaceae): Die Haare sitzen der Ährenspindel an, also am
  Unterende der Diaspore.
- *Typha* (Typhaceae): Der Haarschopf sitzt an der Blütenachse unterhalb des
  Fruchtknotens.

Samen

- *Asclepias-*, Cynanchum-, Stapelia-Arten (Apocynaceae): Same und Haarschopf
  sind innerhalb der Familie von recht einheitlichem Bau. Nach der Dehiszenz der
  Bälge erfolgt das Spreizen der Haare.
- *Epilobium-*Arten (Onagraceae)

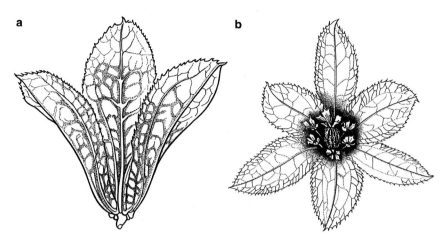

Abb. 4.90 *Actinolema macrolema.* Fruchtstand. **a** Seitenansicht. **b** Aufsicht

Abb. 4.91 *Lagoecia cuminoides.* Frucht

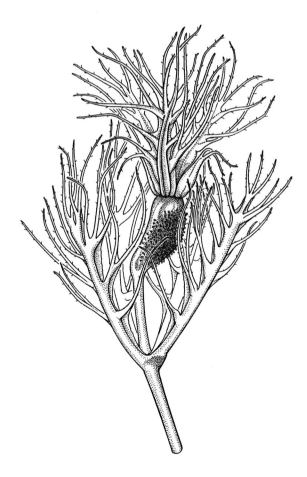

Abb. 4.92 *Alberta magna.*
Frucht

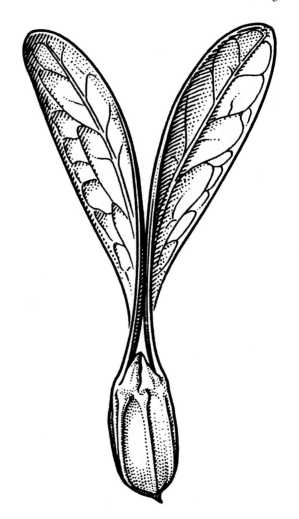

- *Myricaria germanica* (Tamaricaceae): Der kurz gestielte Haarschopf sitzt am Oberende der Diaspore (Abb. 4.102).
- *Nerium oleander* (Apocynaceae), Mittelmeergebiet (Abb. 4.103)
- *Populus-* und *Salix*-Arten (Salicaceae): Die Haarbildungen sind im Bereich des Funiculus (Abb. 4.104).
- doppelter Haarschopf:
  - *Adenium obesum* (Apocynaceae), Nord- und Ostafrika (Abb. 4.105)
  - *Alstonia* (Apocynaceae), tropisches Asien, Afrika, Zentralamerika

Abb. 4.93 *Gyrocarpus* spec.
Frucht

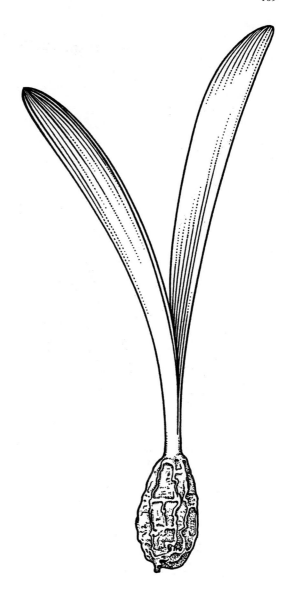

4.5.2.5.4 Schirmflieger

Die Haare sitzen der Diaspore regelmäßig, kreisförmig angeordnet in einer Reihe an. Häufig ist der Haarschirm mehr oder weniger lang gestielt.

Früchte

- *Centranthus ruber* (Caprifoliaceae, Valerianoideae): Der Haarkranz ist sitzend.
- *Valerianella*-Arten

Abb. 4.94 *Petrea volubilis.*
Frucht

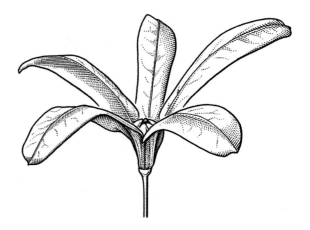

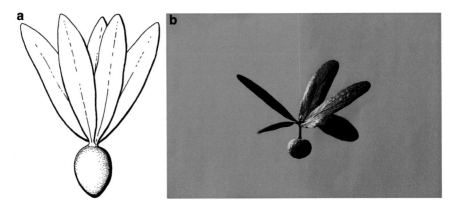

Abb. 4.95 Frucht. **a** *Swintonia spicifera.* (Nach Engler und Prantl 1896, III. 5). **b** *Gluta usitata* (U. Hecker, Thailand, 20. Februar 1992)

- Am häufigsten ist ein Schirm bei den Diasporen der Asteraceen ausgebildet.
    - sitzender Pappus aus einfachen Haaren gebildet: Aster-, Crepis-, Hieracium-, Lactuca-Arten, Tussilago farfara
    - sitzender, federiger Pappus: *Arnica-*, Carlina, Cirsium- und *Inula*-Arten
    - gestielter Pappus mit einfachen Haaren: *Chondrilla juncea*, Lactuca- und *Taraxacum*-Arten (Abb. 4.106)
    - gestielter Pappus mit gefiederten Haaren: Picris-, Scorzonera-, Tragopogon- und Urospermum-Arten

Samen
Nur sehr selten: *Strophanthus* (Apocynaceae), Afrika (Abb. 4.107)

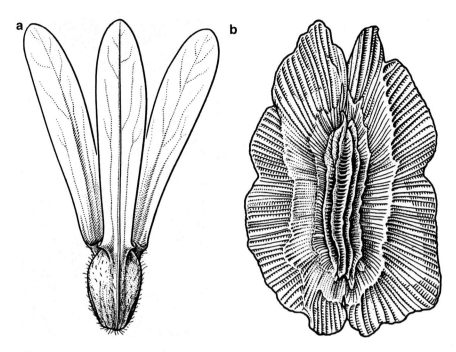

Abb. 4.96 a *Triplaris* spec. Frucht. **b** *Paulownia tomentosa.* Geflügelter Samen

Abb. 4.97 *Cochlospermum orinocense.* Samen mit Haarkranz

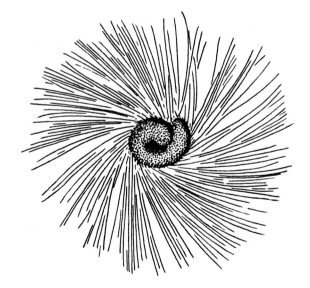

Abb. 4.98 *Ipomoea adenioides.* Samen mit allseitigem Haarkleid

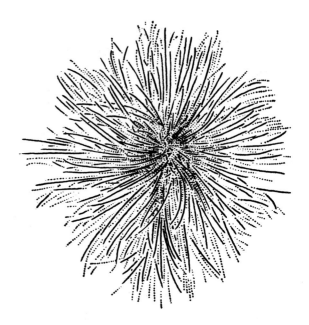

Abb. 4.99 *Ipomoea mururoides.* Samen mit Haarkranz

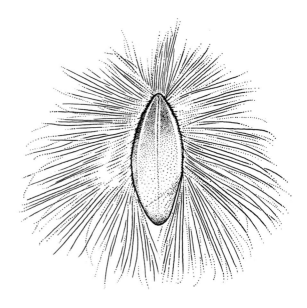

Abb. 4.100 *Tinnea rhodesiana.* Klause mit Haarkranz

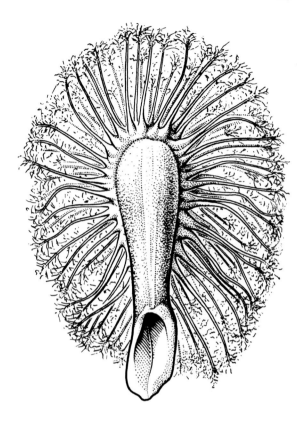

Abb. 4.101 *Verticordia grandiflora.* Frucht mit Haarkranz

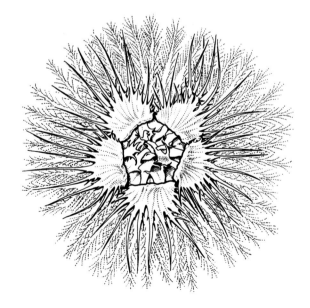

Abb. 4.102 *Myricaria germanica.* Samen

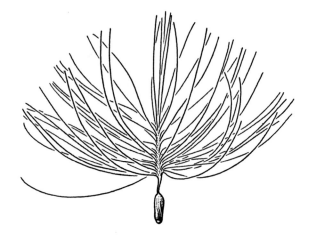

Abb. 4.103 *Nerium oleander.* Samen

Abb. 4.104 *Salix pentandra.* Samen

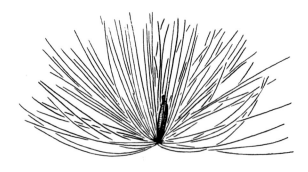

Abb. 4.105 *Adenium obesum.* Samen mit doppeltem Haarschopf

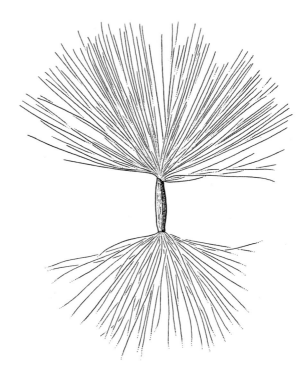

Abb. 4.106 *Taraxacum officinale.* Frucht

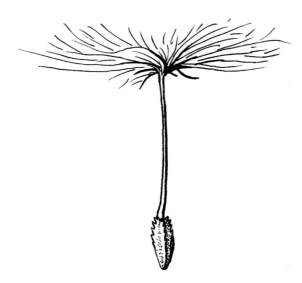

Abb. 4.107 *Strophanthus*
amboensis. Samen

4.5.2.5.5   Fadenflieger

Der Flugapparat wird aus einigen wenigen Haaren gebildet, die dafür aber sehr
lang sind. Diese Art der Ausbreitung kennen wir nur bei Samen.

- *Aeschynanthus parasiticus* (Syn. *A. grandiflorus;* Gesneriaceae), Indomalesien:
  Der Flugapparat hat drei 2 cm lange Haare, die dem 1 mm großen Samenkörper

Abb. 4.108 Samen. **Links:**
Aeschynanthus parasiticus.
Rechts: *Aeschynanthus*
parviflorus. (Nach Ulbrich
1928)

ansitzen (Abb. 4.108); *A. parviflorus*) weist nur zwei polar angeordnete Haare
auf.

- *Buddleja* (Buddlejaceae): Typisch sind zwei Haare.
- *Narthecium ossifragum* (Nartheciaceae), Westeuropa
- *Nepenthes rafflesiana* (Rafflesiaceae), Borneo, Sumatra: Typisch sind zwei Haare.
- *Uncaria* (Syn. *Ourouparia*) *gambir* (Rubiaceae), Malesien: Typisch sind drei
  Haare (Abb. 4.109).
- *Voyria tenella* (Syn. *Leiphaimos azurea*; Gentianaceae): Es handelt sich um
  einen Saprophyten des tropischen und subtropischen Venezuelas (Abb. 4.110).

Abb. 4.109 *Uncaria cordata.*
Samen. (Nach Ridley 1930)

Abb. 4.110 *Voyria tenella.*
Samen. (Nach Wood und
Wood 1982)

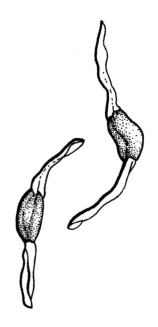

Abb. 4.111 *Clematis vitalba.*
Teilfrucht

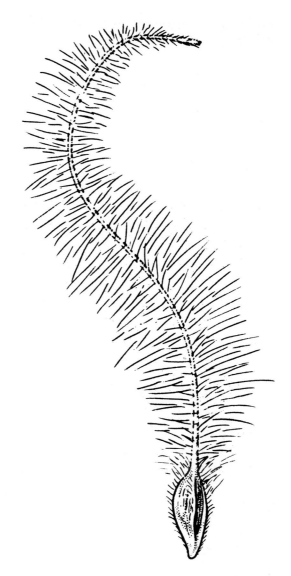

4.5.2.5.6 Federschweifflieger

An der Diaspore befindet sich ein verlängerter, federartiger Fortsatz. Beispiele
sind Karpidien und Früchte.

- *Clematis*- und *Pulsatilla*-Arten (Ranunculaceae): Der persistierende, behaarte
  Griffel der Karpidien wächst postfloral auf einige Zentimeter Länge heran
  (Abb. 4.111).

Abb. 4.112 *Stipagrostis*
hirtigluma. (Nach Phillips
1920)

- *Dryas octopetala* (Rosaceae): Die Karpidien wachsen mit persistierendem, behaartem Griffel postfloral auf eine Länge von 2–3 cm heran.
- *Geum montanum* (Rosaceae), europäische Gebirge: Der behaarte Griffel ist postfloral 2–3 cm lang.
- *Stipa joannis* (Poaceae), Europa bis Westasien: Die Karyopse hat eine Länge von 12–15 mm, die behaarte Granne ist 25–30 cm lang.
- *Stipagrostis hirtigluma* (Poaceae), Afrika bis Pakistan: Die Karyopse weist drei Grannen auf. Die beiden seitlichen sind kahl und 2,5 cm lang, die mittlere plumos und 5–7 cm lang (Abb. 4.112).

4.5.2.6 Steppenläufer, *tumbleweeds*

Übersicht
Begriffsbildung: Kerner von Marilaun (1891)
　　Synonyme: Steppenroller, Bodenläufer, Bodenroller

Abb. 4.113 *Holubia* saccata. Pflanze mit Früchten (U. Hecker, Transvaal, 1967)

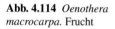

Abb. 4.114 *Oenothera macrocarpa.* Frucht

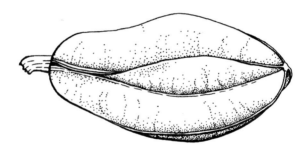

Hier begegnen uns Ausbreitungseinheiten von kugel- oder walzenförmiger Gestalt, die durch den Wind am Boden transportiert werden. Wenn solche Gebilde des Nachts plötzlich auftauchen, wird auch von Steppenhexen gesprochen. Dieses Phänomen tritt vorwiegend in offenen Vegetationsbereichen wie Steppen, Savannen und Halbwüsten, aber auch an Küsten auf. Im weiteren Sinne können wir hier auch Blasenflieger *(Colutea, Physalis, Tripodion tetraphyllum)* und Drehwalzenflieder *(Holubia saccata*, Abb. 4.113) und *Oenothera macrocarpa* (Abb. 4.114) einbeziehen.

Wie erfolgt die Ausbreitung der Früchte und Fruchtstände? Zunächst bleiben die Ausbreitungseinheit fest mit den sie transportierenden Einheiten verbunden. Durch die mechanische Beeinträchtigung bei der Bewegung auf dem Erdboden kommt es zur Loslösung der Diasporen auf mehr oder weniger weite Distanzen, bis die jeweiligen Steppenroller an irgendeinem Hindernis oder einer Bodenvertiefung hängen bleiben.

Unter den klassischen Steppenrollern wollen wir zwischen Früchten, Fruchtständen und ganzen Pflanzen differenzieren. Zwischen den Ausbreitungseinheiten „Fruchtstand" und „ganze Pflanze" gibt es mannigfache Übergänge.

Früchte finden wir bei der Gattung *Medicago*, so etwa bei *M. orbicularis* und *M. scutellata*. Sie sind unbewehrt und lassen sich so leicht durch den Wind transportieren. Um kugelförmige Fruchtstände handelt es sich bei *Trifolium hirtum*. Die Fruchtstände von *Fedia cornucopiae* sind ausgetrocknet, dünnwandig, sehr leicht und zerbrechlich und lassen sich leicht am Boden liegend vom Wind verbreiten.

Bei Steppenpflanzen werden mitunter ganze Pflanzen ausgebreitet. Die oberirdischen Teile brechen meist auf Erdbodenniveau ab und werden so ein Spiel des Windes. Postmortal nehmen die losgelösten Pflanzen durch Austrocknung meist eine kugelige Form an (Abb. 4.115). Beispiele gibt es in verschiedenen Pflanzenfamilien. Auch in der mitteleuropäischen Flora sind solche Steppenläufer bekannt: die Apiacee *Eryngium campestre*, die Boraginacee *Onosma arenaria* (Abb. 4.116) wie auch die Chenopodiaceen *Salsola kali* und *Corispermum leptopterum*. Walter (1962) berichtet von *Bassia* (Syn. *Kochia*) *indica*, die sich als Steppenroller von Indien aus sehr schnell in Ägypten (und weiter bis Marokko) ausgebreitet hat. Als weitere markante Beispiele von Steppenläufern nennt Walter (1974) aus dem Steppengebiet von Starobelsk in der Ukraine:

- Amaranthaceae: *Ceratocarpus arenarius, Salsola kali*
- Apiaceae: *Eryngium campestre,* Falcaria vulgaris, Seseli tortuosum
- Asteraceae: *Serratula xeranthemoides,* Centaurea *diffusa*

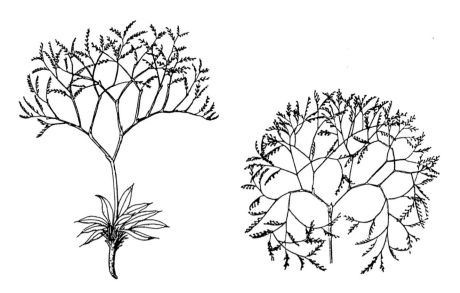

Abb. 4.115 *Goniolimon tataricum.* Lebende und abgestorbene Pflanze. (Aus Walter 1974)

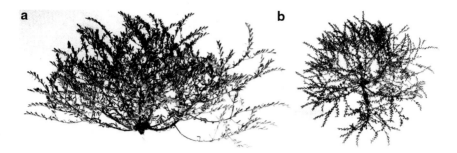

Abb. 4.116 *Onosma* arenaria. Steppenläufer. **a** Seitenansicht. **b** Aufsicht (U. Hecker, NSG Mainzer Sand)

- Brassicaceae: *Crambe tatarica, Erucastrum armoracioides*
- Caryophyllaceae: *Gypsophila paniculata*
- Lamiaceae *Phlomis herba-venti* ssp. *pungens, Nepeta ucranica, Salvia aethiopis*
- Plumbaginaceae: *Limonium platyphyllum, Goniolimon tataricum*
- Monokotyle: *Asparagus officinalis*, Bellevalia ciliata

Aus Nordamerika sei die annuelle Amaranthacee *Cycloloma atriplicifolium* angefügt, deren abgestorbene, reich verzweigte, kugelförmige Ausbreitungseinheiten zahlreiche einsamige Früchte enthalten. Bei manchen *Astragalus*-Arten sitzen die Hülsen in Achseln von längeren Laubblättern unverzweigter Achsen. Nach dem Loslösen von der Mutterpflanze fallen die Fiedern der Blätter ab, die jeweilige Rhachis bleibt erhalten. Die mehr oder weniger langen Sprossabschnitte werden am Erdboden auf den Rhachiselementen bewegt (Abb. 4.117).

Ein ähnliches Phänomen begegnet uns bei der Orobanchaceengattung *Bungea*. Ich möchte sie als Speichenroller bezeichnen. Die oberirdischen Sprosse bei Annuellen und Perennen brechen auf Erdbodenniveau ab. Das Wurzelsystem verbleibt im Erdboden. Bei *Eryngium campestre* löst sich allein der abgestorbene, oberirdische Teil und rollt, einzeln oder mit anderen Exemplaren verhakt. Bei *Stipa*-Arten verknäulen sich bisweilen die lang begrannten Karyopsen und werden vom Wind verweht. Weitere Beispiele für ganze vom Wind verbreitete Pflanzen sind die zu den Plantaginaceen zugehörigen *Albraunia*-Arten wie *A. fugax* aus dem Irak und Iran, *Eriogonum trichopes* (eine Polygonacee aus Kalifornien), die fast 2 m hohe *Crambe cordifolia* aus Kaukasien sowie die Fabacee *Alhagi maurorum* aus Süd-, West- und Zentralasien.

Bei *Allium karataviense* aus Innerasien mit seinen kugelförmigen Fruchtständen löst sich zunächst die Fruchtstandsachse am Erdboden ab. Der Infrukteszenzstiel zerfällt allmählich an präformierten Abschnitten in mehrere, zum Teil sehr kleine Abschnitte, sodass schließlich allein eine kugelförmige Infrukteszenz mit den lang gestielten Früchten resultiert. Ähnlich gebaut sind die kugelförmigen Fruchtstände der im östlichen Afrika von SO-Sudan bis Südafrika beheimateten Amaryllidacee *Boophone disticha*.

Abb. 4.117 *Astragalus*
spec. Speichenroller (U.
Hecker, Kleinasien nördlich
von Beyşehir, westlich von
Konya, 31. Juli 1977)

Cotinus coggygria, eine Anacardiacee aus dem östlichen Mittelmeergebiet
bis China, hat reich verzweigte, dünnachsige Infrukteszenzen, die sich ganz oder
in Stücken von den Zweigen lösen, zu Boden fallen, sich zu mehr oder weniger
großen Gebilden verbinden und verweht werden. Eine Besonderheit sind die
erhalten bleibenden, fein behaarten Blütenstiele ohne Früchte, die einen wesent-
lichen Anteil an den Ausbreitungseinheit haben.

Zwar sind die Kelche von *Moluccella laevis* schon floral stark vergrößert, doch
werden sie meist, an der Sprossachse verbleibend, mit der gesamten Pflanze verbreitet (Abb. 4.118).

In Zentralanatolien begegnet man im Spätsommer und Herbst häufig unterschiedlichen Steppenläufern aus dem Verwandtschaftskreis der Fabaceen,
Brassicaceen und Lamiaceen (Abb. 4.119, 4.120).

Eine Vorstufe zu Steppenrollern könnten die blasenartig aufgetriebenen Teile
der Sprossachsen bei *Eriogonum inflatum* und *Allium oschaninii* bilden.

Abb. 4.118 *Moluccella* laevis. Pflanze (U. Hecker, Kleinasien, Pontisches Gebirge bei Suhşehri, 4. August 1977)

Abb. 4.119 *Salvia* spec. **a** Steppenroller mit behaartem Kelchverschluss (U. Hecker, Kleinasien am Tuz-Gölü, 1. August 1977). **b** Steppenroller mit verengter, persistierender Kronröhre (E. Singer, Kleinasien, Obruk Yaylasi, 1. August 1977)

Abb. 4.120 Der Autor mit
zwei Steppenrollern. (E.
Singer, Kleinasien nördlich
von Beyşehir, westlich von
Konya, 31. Juli 1977)

Die in Kleinasien weit verbreitete, annuelle *Cruciata articulata* bildet aufrechte Sprosse, die als Sommersteher nach der Reife im Herbst in einzelne Teile zerfallen, welche am Boden liegend vom Wind als Bodenroller verbreitet werden. Jede Verbreitungseinheit besteht aus einem Knoten samt Partialinfrukteszenz (mit zwei Teilfrüchten) und den vier gleichgestalteten Blattorganen, die sie umkleiden, sowie dem vorausgegangenen Internodialbereich. Die vier Blattorgane bestehen aus den beiden Laubblättern und den gleichgestalteten Interfoliarstipeln, welche die reifen Teilfrüchte unter sich bergen.

Die Brassicaceenart *Anastatica hierochuntica* hat es zu zweifelhaftem Ruhm gebracht. Entgegen verschiedener Zitate ist ihr Rollen auf die Literatur beschränkt. Schon Ascherson (1892) bemerkt: „Der Irrtum, daß die Jericho-Rosen-Crucifere in ihrer Kugelgestalt umherrollt, scheint ebenso festgewurzelt zu sein, als diese Pflanze in Wirklichkeit ist."

4.5.3 Zoochorie – Tierausbreitung

Begriffsbildung: Dammer (1892)

4.5.3.1 Zooballismus

Das ballistische Prinzip haben wir bereits kennengelernt (Abschn. 4.4.2; 4.5.1.2 und 4.5.2.1). Auslöser für den Ballismus sind hier nun Tiere. Beispiele sind:

- *Arctium nemorosum* (Asteraceae), Schüttelklette: Die Involucralblätter sind mit Haken versehen, sie umgeben die Diasporen und dienen als Behälter. Die Kletten haften im Haar- oder Federkleid vorbeistreichender Tiere. Die abgestorbenen Pflanzen sind sehr elastisch. Es erfolgt kein Losreißen der Klette von der Pflanze, sondern ein Zurückschnellen der Sprosse über die Ausgangsposition hinaus. Dabei werden die Früchte aus den Behältern herausgeschleudert.
- *Scutellaria* (Lamiaceae): Die reifen, unter Gewebespannung stehenden Fruchtkelche dehiszieren schon bei leichter Berührung, wobei die adaxiale Hälfte abfällt, während der schaufelartige Teil häufig als Hebel wirkt und die Klausen weggeschleudert werden. Der Kelch dient als Behälter der Diasporen (Abb. 4.121).
- *Carrichtera annua* (Brassicaceae), Mittelmeergebiet: Der sterile, löffelartige Teil der Frucht wird nach unten gedrückt. Dabei erfolgt die Ablösung der oberen Valve. Beim Zurückschnellen werden die Samen weggeschleudert (Abb. 4.122).

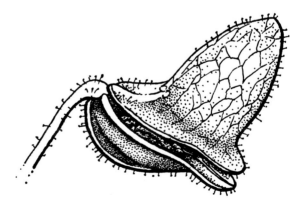

Abb. 4.121 *Scutellaria altissima.* Sich öffnende Frucht. (Nach Nordhagen 1636, aus Van der Pijl 1972)

Abb. 4.122 *Carrichtera annua*. Frucht. (Nach Nordhagen 1636, aus Van der Pijl 1972)

4.5.3.2 Epizoochorie

Begriffsbildung: Sernander (1901) spricht von epizoischer Verbreitung.

4.5.3.2.1 Klebende Diasporen

4.5.3.2.1.1 Schlamm und Wasser als Klebemittel

Viele schwimmende Diasporen haften aufgrund ihrer Kleinheit oder ihres geringen Gewichts im Federkleid von Vögeln. Beispiele sind *Alisma plantago-aquatica, Potamogeton*-Arten, *Ranunculus flammula* und *R. sceleratus*.

Die Diasporen fallen beim Trocknen des Gefieders vom Tier ab oder aber werden aktiv abgeputzt. Das gilt auch für vegetative Diasporen zum Beispiel von *Lemna*-Arten. Im Schlamm ruhende Diasporen können an Füßen oder Schwimmhäuten von Wasservögeln anhaften.

Kerner von Marilaun (1891) untersuchte Schlamm, den er von Schnäbeln, Füßen und Gefieder abkratzte. Er fand unter anderem Diasporen von *Anagallis minima* (Syn. *Centunculus minimus*), *Bolboschoenus maritimus, Cyperus fuscus, Glaux maritima, Glyceria fluitans, Juncus*-Arten, *Limosella aquatica, Lythrum salicaria, Nasturtium, Rorippa, Samolus valerandi* und *Veronica anagallis-aquatica*.

4.5.3.2.1.2 Schleime und andere Klebemittel

Klebfrüchte

- *Siegesbeckia orientalis* (Asteraceae): Die Fruchtstände weisen außen fünf löffelförmige, drüsige Involucralblätter auf. Die einzelnen Früchte werden von je einem drüsigen, inneren Tragblatt umgeben. Die Früchte können einzeln oder als Fruchtstand ausgebreitet werden (Abb. 4.123).
- *Plumbago auriculata*: Ein klebriger Kelch schließt die Samen ein.

Abb. 4.123 *Siegesbeckia orientalis.* Klebende Frucht. (Nach Ulbrich 1928)

- *Salvia glutinosa* (Lamiaceae): Ein klebriger Kelch schließt die Klausen ein. Dieser kann sich durch vorbeistreifende Tiere mit den darin haftenden Klausen leicht lösen.

Bei Gräsern sehr ungewöhnlich treten an den Ährchen bei der in den Tropen und Subtropen verbreiteten Poaceengattung *Oplismenus* Klebgrannen auf. Bei der im tropischen Afrika beheimateten *Leptaspis cochleata* sind die 4–6 mm großen, eiförmigen Ährchen mit klebenden Spelzen ausgestattet.

Klebsamen

- *Ecballium elaterium:* Die autochor verbreiteten Samen kleben sich an einer Unterlage fest (Abb. 4.15).
- *Iberis-, Ruellia-* und *Salvia*-Arten: Sie weisen myxosperme Diasporen auf. Die wirksamen Pektine dienen wohl vor allem der Arretierung der Samen, weniger der Ausbreitung (Abschn. 5.3).

4.5.3.2.2 Kletten

4.5.3.2.2.1 Diasporen mit Haarbildungen

Hier handelt es sich um ein- oder mehrzellige Haare, die am distalen Ende hakenförmig gekrümmt sind. Kletthaare an den Karyopsen finden wir bei der neuweltlichen Poaceengattung *Pharus.*

Einzellige Haare

- *Galium aparine:* Die beiden Teilfrüchte sind mit Hakenhaaren versehen.
- *Circaea lutetiana:* Die Schließfrüchte tragen Hakenhaare (Abb. 4.124).

Mehrzellige Haare

- *Desmodium canadense* (Fabaceae): Die Gliederhülsen sind mit mehrzelligen, kurzen Kletthaaren ausgestattet (Abb. 4.22).
- *Nymphoides peltata* (Menyanthaceae)

Abb. 4.124 *Circaea lutetiana.* Klettfrüchte (Aus Ulbrich 1928)

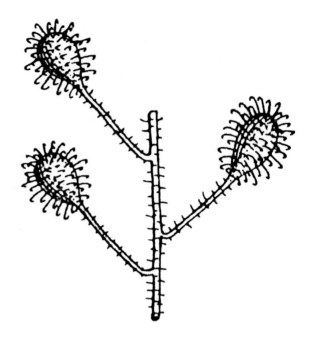

Andere Bildungen finden wir bei der Gattung *Eleocharis*. Unterhalb der Frucht treten einzelne, an der Basis kurz miteinander verbundene hypogyne Borsten auf. Die in Mehrzahl vorhandenen, die Frucht überragenden Borsten tragen am Rand feine, rückwärtsgerichtete, hakenartige Fortsätze (Abb. 4.125).

4.5.3.2.2.2 Emergenzen

Es handelt sich um auf einem Gewebesockel aufsitzende Kletthaken. Beispiele sind:

- *Ranunculus arvensis, R. muricatus*
- *Urena lobata* (Malvaceae): Die Haken sind glochidiat dornenartig. Die Pflanze ist weltweit in den Tropen verbreitet.
- *Caucalis, Orlaya, Tordylium* (Apiaceae)
- *Cynoglossum-* und *Lappula*-Arten (Boraginaceae)
- *Bidens*-Arten (Asteraceae; Abb. 4.126)

4.5.3.2.2.3 Größere hakenförmige Bildungen

- *Agrimonia eupatoria* (Rosaceae): Typisch sind Hochblätter am Kelch, die in Haken auslaufen (Abb. 4.127).
- *Medicago*-Arten (Fabaceae)

Abb. 4.125 *Eleocharis*
mamillata. Frucht mit
hypogynen Borsten. (Nach
Galunder und Patzke 1989)

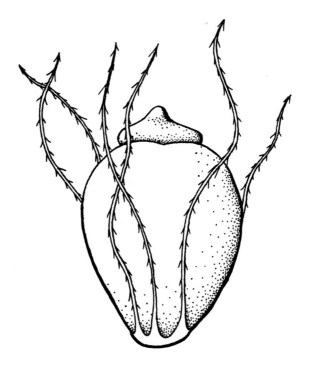

- *Uncaria grandidieri* (Pedaliaceae): Die reifen Schließfrüchte tragen mehrere stark verholzte Fortsätze, deren Enden sehr wirksame Widerhaken besitzen (Abb. 4.128)

4.5.3.2.3 Griffelhaken

In der Regel werden die Karpidien einzeln verbreitet. Der persistierende Griffel ist verfestigt und am Ende hakenförmig gebogen. Beispiele sind *Anemone rivularis, Geum urbanum* (Abb. 4.29) und *Ranunculus isthmicus.*

4.5.3.2.4 Bohrfrüchte – Trypanokarpie

Übersicht
Begriffsbildung: Zohary (1937)
  abgeleitet von griech. *trypanon* = Bohrer

Die Diasporen sind nadelartig zugespitzt und an der Pflanze exponiert, sodass sie leicht in die Haut vorbeistreichender Tiere eindringen können. Beispiele sind:

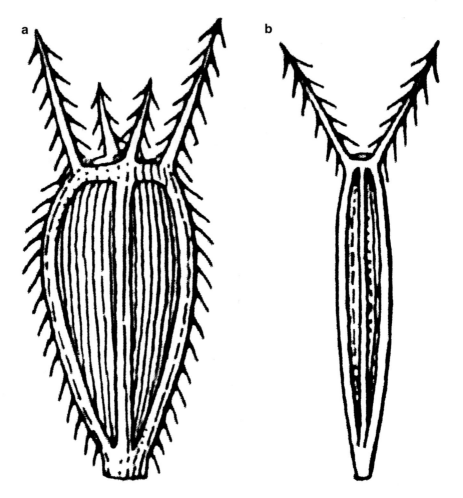

Abb. 4.126 Frucht mit hakenförmigen Bildungen. **a** *Bidens tripartita*. **b** *Bidens cernua* . (Aus Ulbrich 1928)

- *Aristida*-Arten (Poaceae), Tropen und Subtropen
- *Heteropogon contortus* (Poaceae), Tropen und Subtropen: Die Pflanze verfügt über sehr spitze Diasporen (Abb. 4.129).
- *Stipa setacea* (Poaceae): Mancherorts ist durch sie die Schafzucht zum Erliegen gekommen. Durch Muskelbewegung dringen die Karyopsen immer tiefer in die Haut ein. Sogar in den Herzmuskeln verendeter Schafe wurden sie gefunden (Abb. 4.129).
- *Triglochin palustris* (Juncaginaceae), Kosmopolit: Die Karpelle spreizen zur Reife.

Abb. 4.127 *Agrimonia eupatoria.* Frucht mit hakenförmigen Bildungen. (Aus Ulbrich 1928)

Abb. 4.128 *Uncaria grandidieri*

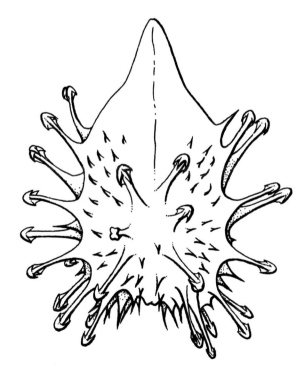

Abb. 4.129 Links:
Heteropogon contortus.
Rechts: *Stipa setacea.* (Nach
Ulbrich 1928)

4.5.3.2.5 Trampelkletten

Begriffsbildung: Ascherson (1889)

Trampelkletten *(trample burrs)* sind harte und feste Kletten, die dem Erdboden
aufliegen und durch Tiere bzw. deren Füße ausgebreitet werden. Diese Ausbreitungseinheiten fallen entweder von der Mutterpflanze ab oder liegen bei prostrat wachsenden Pflanzen dem Erdboden unmittelbar auf. Es handelt sich vor allem
um Pflanzen aus Trockengebieten, Steppen und Savannen. In der Regel sind die
Früchte druckfest und der oder die Embryonen sind gegen Zertreten oder eine
letale Beschädigung gesichert. Im Gegensatz zu anderen Klettenfrüchten haben sie
meist nur wenige, harte Dornen oder Hakenbildungen.

Von Trampelkletten sprechen wir, weil sie sich in den Hufen oder Klauen von
Weidetieren einbohren können. Nicht selten rufen sie sehr heftige Entzündungen
hervor und können in Gebieten mit extensiver Beweidung eine Plage bilden.

Dornbildungen außerhalb des Perikarps

- *Acicarpha tribuloides* (Calyceraceae), andines, trockenes Chile: Der verhärtete
  Kelch umschließt das versenkte Perikarp. Die Kelchzipfel sind zu Dornen ausgebildet. In Nordamerika als lästiger annueller Neophyt eingebürgert.

Abb. 4.130 *Cenchrus tribuloides*. Infrukteszenz. (Aus Ulbrich 1928)

- *Cenchrus tribuloides* (Poaceae): Ursprünglich war die Pflanze ein Dünengras, heute ist sie weltweit verbreitet. Die Diasporen sind mit nadelspitzen, harten Dornen, die aus sterilen Verzweigungen eines Blütenstands hervorgehen, versehen (Abb. 4.130).
- *Ceratocarpus arenarius* (Chenopodiaceae), Osteuropa: Es handelt sich um eine kleine, häutige Frucht, die in eine gehörnte, harte Hülle eingeschlossen ist, die von den Vorblättern gebildet wird.
- *Emex spinosa* (Polygonaceae), Mittelmeergebiet: Das äußere Perianth ist dornig.
- *Spinacia oleracea* var. *spinosa* (Chenopodiaceae), Europa: Das Perianth ist postfloral vergrößert und am Ende mit zwei bis vier spreizenden Dornen versehen.

Dornbildungen am Perikarp

- *Astragalus boeticus* (Fabaceae), Mittelmeergebiet: Die geschlossen bleibenden Hülsen haben einen gebogenen dornigen Schnabelfortsatz.
- *Biserrula pelecinus* (Fabaceae), Mittelmeergebiet: Die Schließfrucht ist seitlich mit kleinen dornartigen Bildungen versehen.
- *Bunias erucago* (Brassicaceae), Südeuropa: Die Schließfrucht trägt dornige Auswüchse (Abb. 4.131).
- *Neurada procumbens* (Neuradaceae), Afrika bis Indien: Die einzelnen Karpelle sind miteinander und dem flachen Blütenbecher (Hypanthium) verbunden. Sie liegen dem Erdboden tellerartig auf (Abb. 4.132).
- *Onobrychis caput-galli, O. crista-galli* (Fabaceae), Mittelmeergebiet, Westasien: Die Schließfrüchte haben holzig verdornte Fortsätze.
- *Pavonia schimperiana* (Malvaceae), tropisches Afrika: Die Diasporen sind hier die einzelnen Merikarpien.
- *Rhagadiolus stellatus* (Asteraceae), Mittelmeergebiet bis Westasien: Die äußeren Früchte der sternförmig angeordneten Infrukteszenz sind von Brakteen eingeschlossen, der Fruchtstand wird als Ganzes verbreitet.

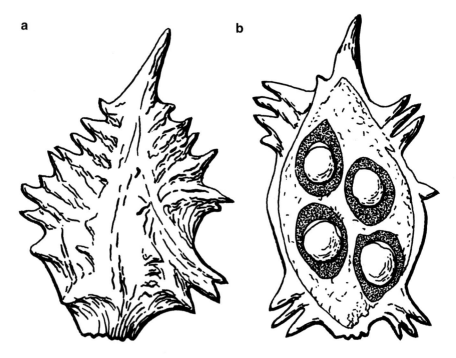

Abb. 4.131 *Bunias erucago*. Zweisamige Frucht. **a** Außenansicht. **b** Längsschnitt, der die vier enthaltenen Samen zeigt. (Nach Murbeck 1943)

Abb. 4.132 *Neurada procumbens*. Frucht

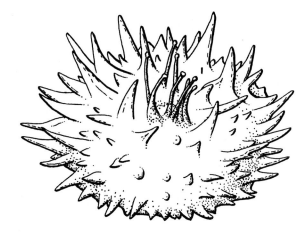

* *Tribulus terrestris* (Zygophyllaceae), afrikanisch-arabisch-indische Trockengebiete: Die fünf Teilfrüchte sind mit je meist zwei großen und mehreren kleinen, verholzten Dornen ausgebildet (Abb. 5.11).

Die ausgeprägtesten Trampelkletten begegnen uns bei den Pedaliaceen. Beispiele sind:

* *Dicerocaryum zanguebarium*, Südafrika: Es handelt sich um eine tellerförmige Schließfrucht mit zwei verholzten, spitzen, schuhnagelartigen Auswüchsen (Abb. 4.133).
* *Harpagophytum peglerae* und *H. procumbens*, Südafrika: Die Frucht ist stark verholzt, mit kräftigen hakenartigen Fortsätzen (Abb. 4.134).
* *Josephinia grandiflora*, tropisches Australien: Die Frucht ist kugelig und stachelig.

Auch die Martyniaceen bilden sehr ausgeprägte Trampelkletten. Bei ihnen löst sich das Exokarp. Es erscheint ein verholztes Endokarp mit zwei gemshornartigen,

Abb. 4.133 *Dicerocaryum zanguebarium*. Frucht. (Nach Phillips 1920)

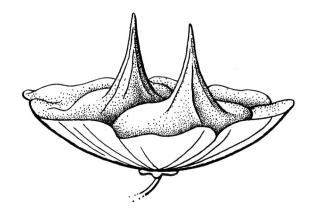

Abb. 4.134 *Harpagophytum procumbens.* Frucht. (Nach Phillips 1920)

dornartig zugespitzten Verlängerungen, die sich in die Fesseln von Weidetieren einzubohren vermögen und so weitergeschleppt werden. Beispiele sind:

- *Ibicella lutea*, Südamerika
- *Martynia annua*, Mexiko, Westindien (Abb. 4.135a)
- *Proboscidea louisianica*, SW-Nordamerika (Abb. 4.135b)

4.5.3.3 Synzoochorie

Begriffsbildung: Sernander (1901)

Er spricht von synzoischer Verbreitungsweise. Wir sprechen von Synzoochorie, wenn Tiere Diasporen, die ihnen als Nahrung dienen, zusammentragen.

a   **b**

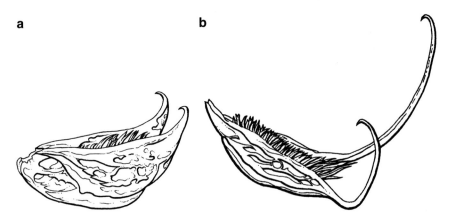

Abb. 4.135 Frucht. **a** *Martynia annua.* **b** *Proboscidea louisianica*

4.5.3.4 Dyszoochorie

Übersicht
Begriffsbildung: Müller (1933)
Müller-Schneider und Lhotská (1971) verkürzten den Begriff Dyszoo-
choren zu Dyschoren.

Die Diasporen werden meist gefressen und dabei zerstört. Nur relativ wenige
bleiben übrig und können keimen.

Diasporen, die dyszoochor verbreitet werden, sind reich an Nährstoffen in
Form von Kohlenhydraten, Fetten und Eiweiß und bilden für viele Tiere eine
Hauptnahrungsquelle. Oftmals findet der Verzehr nicht am Reifungsort der
Diaspore statt, sondern die Tiere schleppen sie an einen ruhigen Fressplatz. Dabei
werden mitunter einzelne Diasporen verloren.

Manche Tiere legen Depots an und vergessen einige oder sie lassen einen Teil
der Diasporen zurück.

Kleiber etwa stecken Früchte in Spalten der Baumborke, Eichhörnchen
benutzen Höhlungen unter Baumwurzeln als Depot. Häher transportieren
Diasporen im stark erweiterungsfähigen Schlund (Abschn. 4.5.3.5.4.2). Hamster
legen unterirdische Depots an. Affen sammeln Früchte und verzehren sie oft entfernt vom Sammelplatz.

Die von Vögeln und Säugern dyszoochor verbreiteten Diasporen sind meist gut
gegen mechanische Beschädigungen geschützt. Es handelt sich oft um Nuss- oder
Steinfrüchte. Beispiele sind:

- *Castanea sativa* (Fagaceae): Es sind vor allem Häher, Siebenschläfer, Mäuse
  und Eichhörnchen.
- *Corylus*-Arten: Sie werden durch Kleiber, Mäuse, Häher, Siebenschläfer und
  Eichhörnchen verbreitet.
- *Fagus*-Arten: Sie werden durch Wald- und Schlafmäuse, Eichelhäher, Berg-
  finken, Spechte und Ringeltauben verbreitet.
- *Juglans*-Arten: Sie werden durch Mäuse, Eichhörnchen und Siebenschläfer ver-
  breitet.
- *Quercus*-Arten: Die Eichelhäher können bis zu acht Eicheln auf einmal im
  Schlund transportieren.
- *Pinus cembra:* Die Samenschale ist bis 2 mm dick. Die Verbreitung erfolgt
  durch Buntspechte, Nusshäher, Haselmaus und Eichhörnchen.
- *Helianthus annuus* (Asteraceae): Unter anderem Kleiber vermögen das sehr
  feste Perikarp zu öffnen.
- *Bertholletia excelsa* (Lecythidaceae), Brasilien: Das Nagetier Aguti
  (*Dasyprocta*, Dasyproctidae) ist in der Lage, die sehr feste, stark verholzte
  Samenschale zu knacken.
- *Prunus*-Arten wie Kirsche, Pflaume, Aprikose, Pfirsich: Das Exokarp wird von
  vielen Tieren (Vögel und Säugetiere) gefressen. Der Steinkern, das Potamen,

wird aufgrund seiner verholzten Beschaffenheit nicht beschädigt und verzehrt, sondern zurückgelassen.

- *Cydonia oblonga*, Mespilus *germanica, Pyrus*-Arten: Vor allem bei den Wildformen ist das Kerngehäuse viel stärker und fester ausgebildet als bei den Kultursorten. Es wird daher von den meisten Tieren verschmäht.

4.5.3.5 Stomatozoochorie (Endozoochorie)

Begriffsbildung: Sernander (1901)

Die Diasporen machen eine Darmpassage durch oder aber sie verweilen einige Zeit in Teilen des Darmtrakts, um wieder herausgewürgt zu werden. Wichtig für die Diasporen ist ein wirksamer Schutz gegen mechanische Beschädigung (Kauen, Beißen, Steine im Vogelmagen) und gegen chemisch hochwirksame Darm- und Magensäfte.

Wir wollen nach verschiedenen Tiergruppen gliedern.

4.5.3.5.1 Regenwürmer – Lumbricidochorie

Begriffsbildung: Müller-Schneider (1977)

Es handelt sich um sehr kleine Diasporen wie die von Orchideen. Von Bedeutung ist die Verbreitung vor allem für saprophytische Orchideen, die so an einen optimalen Keimort gelangen.

4.5.3.5.2 Fische – Ichthyochorie

Übersicht
Begriffsbildung: Heintze (1932)
    abgeleitet von griech. *ichthys* = Fisch

Nach Hochreutiner (1899) werden in der mitteleuropäischen Flora Früchte von *Nuphar lutea* von Fischen verzehrt.

Luther (1901) stellte fest, dass die Samen nach einer Darmpassage effektiver keimen als ohne eine solche.

Heintze (1927) erwähnt Diasporen von *Aponogeton, Najas marina, Nuphar, Salacia grandiflora* und *Zizania aquatica*. Die Diasporen von *Ficus cestrifolia* (Syn. *F. tweediana*) werden von südamerikanischen Fischen verzehrt. Huber (1910) fand im Darmtrakt vegetarischer Fische wie *Brycon* und *Myloplus* Diasporen von Palmen, *Lucuma reticulata* (Sapotaceae) und *Alchornea* (Euphorbiaceae).

Kuhlmann und Kühn (1947) berichten von brasilianischen Palmendiasporen, insbesondere *Geonoma schottiana*, die als Köder beim Fischfang genutzt werden.

An Flussufern in Surinam wurde beobachtet, dass Fische nach oben schwimmen, wenn die Früchte von *Inga* und *Eperua rubiginosa*, zwei baumförmige Fabaceen, mit knallartigem Geräusch explodieren. Sie verschlucken die mit einer Sarcotesta oder einem Arillus versehenen Samen der an Ufern wachsenden Pflanzen.

In Brasilien wurde von De Arago (1947) beobachtet, dass Flussfische der Gattungen *Brycon* und *Osteoglossum* Früchte von *Syagrus* (Syn. *Arecastrum;* Arecaceae), *Ficus* (Moraceae), *Guatteria* (Annonaceae), *Inga* (Fabaceae) und *Myrciaria* (Myrtaceae) verzehren.

Corner (1949) beobachtete, dass Fische des Malaiischen Archipels die mit einer Pulpa versehenen Samen der Meliaceen *Dysoxylum angustifolium* und *Aglaia ijzermannii* (Syn. *A. salicifolia*) verzehren.

In der indonesischen Mangrove wird der Fisch *Arius maculatus* mit Früchten von *Sonneratia* (Lythraceae) geangelt.

Gates (1927) berichtet über die Ausbreitung von *Pseudobombax* (Syn. *Bombax*) *munguba* durch Fische im Amazonasgebiet.

Goulding (1980) gibt eine umfangreiche tabellarische Übersicht über Fischarten des Amazonasgebiets und Pflanzenarten aus rund 20 Pflanzenfamilien, deren Diasporen von Fischen verzehrt werden.

Gottsberger (1978) verdanken wir eine Liste von 33 Pflanzenarten, deren Samen sich in größeren Fischen im Amazonasgebiet vorfanden. Sechzehn davon waren keimfähig.

4.5.3.5.3   Reptilien – Saurochorie

Begriffsbildung: Darwin (1839), Borzi (1911)

Nicht viele Reptilien sind Vegetarier. Wohl die ersten Beobachtungen machte Darwin (1839) während seines Aufenthalts auf den Galapagosinseln von fruchtfressenden Echsen an *Acacia*.

Auch von Schildkröten berichtet er, welche die Früchte der Annonacee *Annona galapagaeum* und von Kakteen fraßen.

Kral (1960) erwähnt das Gefressenwerden von *Asimina pygmaea* (Annonaceae) in den südöstlichen USA und NO-Mexiko.

Dawson (1962) berichtet über die besonders gute Keimung von Kakteensamen nach einer Passage durch Reptiliendarm.

Guppy (1917) beobachtete, wie Iguanas in Westindien die Früchte von *Casasia* (Syn. *Genipa*) *clusiifolia* (Rubiaceae) verzehren, die auf Long Cay und Greater Sand Cay in Westindien in großer Zahl wächst.

Von Iguanas, die *Annona glabra* verzehren, berichtet Beebe (1924), wie auch von den Galapagos-Landleguanen *(Conolophus subcristatus)*, die Kakteenfrüchte fressen und sich in einem *Maytenus*-Baum (Celastraceae) zum Fressen aufhalten.

Standley (1922) gibt an, dass Iguanas in Mexiko die Früchte von *Celtis iguanaea* verzehren. Stewart (1911) berichtet von Schildkröten, die Früchte der Euphorbiacee *Hippomane mancinella* und von Kakteen fraßen.

Besonders interessant ist die Mitteilung von Rick und Bowman (1961), dass die Samen einer lokalen Varietät der Tomate (*Lycopersicon esculentum* var. *minor*) nur nach einer zwölf bis 20 Tage dauernden Passage des Darms von Schildkröten *(Testudo elephantopus)* keimten.

4.5.3.5.4 Vögel – Ornithochorie

Begriffsbildung: Spinner (1932)

Prinzipiell sind zwei Ausbreitungsmöglichkeiten zu unterscheiden: die epi- und die endozoochore Ausbreitung.

Epizoochore Ausbreitung Die Ausbreitung erfolgt zufällig und durch nicht adaptierte Diasporen mittels Adhäsion. Epizoochor durch Adhäsion ausgebreitet werden ganze Pflanzen von *Lemna* und *Wolffia arrhiza* sowie viele sehr leicht haftende Ausbreitungseinheiten unterschiedlicher Verwandtschaft.

Endozoochore Ausbreitung Die Ausbreitung erfolgt durch nicht adaptierte Verbreitungseinheiten sowie durch adaptierte Diasporen. Nicht adaptierte Ausbreitungseinheiten finden wir bei Entenvögeln, wie die Diasporen von *Nuphar*, Nymphaea, Pontederia, Potamogeton und *Sagittaria*. De Vries (1940) fand im Entenkot keimfähige Samen von *Carex flava* und *C. arenaria, Glaux maritima*, Eleocharis *palustris* und *Empetrum nigrum*.

4.5.3.5.4.1 Adaptierte Ausbreitungseinheiten

Höchst interessant sind die adaptierten Verbreitungseinheiten, die überwiegend endoornithochor verbreitet werden.

Diese Ausbreitungseinheiten zeigen spezifische Merkmale:

- attraktiver, verzehrbarer Teil, ausgezeichnet durch eine bestimmte Konsistenz
- besonderer Geschmack: Vögel besitzen im Unterschnabel Geschmacksknospen
- Signalfarbe bei Reifung und Farbkontrast
- äußerer Schutz gegen vorzeitiges Verzehrtwerden: hart, grün, sauer
- innerer Schutz gegen Verdauung: harte Testa, Putamen; zusätzlich schmeckt der „Kern" oft bitter oder enthält toxische Substanzen

- Form und Größe
- permanente Befestigung am Bildungsort, das heißt kein Abfallen nach der Reifung
- keine geschlossene feste Schale: bei harten Früchten werden die Samen exponiert bzw. hängen heraus
- meist geruchlos
- Beeren und beerenartige Früchte sind meist nährstoffarm, sodass ein Massenverzehr resultiert

Ornithochor ausgebreitete Beeren und beerenähnliche Früchte begegnen uns häufig bei Sträuchern und niedrigeren bis mittelhohen Bäumen. Bei höheren Bäumen dominieren die anemochor angepassten Diasporen.

Wichtig ist bei den meisten Arten, dass die zu verzehrenden Ausbreitungseinheiten exponiert an der Pflanze verbleiben.

Die Früchte werden vom Vogel meist als Ganzes verschlungen, in Mitteleuropa sind es vor allem Singvögel wie Amsel, Mönchsgrasmücke, Rotkehlchen, Singdrossel und Star, aber auch Tauben und Krähen.

Wicki (1994) gibt eine umfangreiche Übersicht über Gehölzarten in Gärten und Parks der Schweiz. Er führt dabei zahlreiche Gehölze auf, darunter *Acer*-Arten, die man bei normalen Aufstellungen nicht finden kann.

Die Verweildauer im Darmtrakt beträgt bei Beeren, beerenartigen und generell von Vögeln verzehrten Diasporen zwei bis drei Stunden, im Minimum 20–50 min.

Manchmal werden Früchte verschlungen und Teile davon wieder herausgewürgt. So verhält sich das Rotkehlchen, wo beim Genus *Euonymus* nur der Arillus verdaut wird, der Samen nach 20–50 min herausgewürgt wird.

Manchmal werden die Früchte zerpickt und nur Teile verzehrt, wie das bei Hagebutten, Feigen, Äpfeln und Kakteen *(Cereus)* der Fall ist.

Die weiblichen Exemplare der Flacourtiacee *Idesia polycarpa* aus Ostasien sind nach der Fruchtreife an den kahlen Zweigen dicht mit leuchtend roten Beeren mit einem Durchmesser von 7–8 mm besetzt, die jedoch oft erst im Spätwinter verzehrt werden. Auch die reichen, roten Fruchtstände von *Sorbus aucuparia* leuchten meist ohne einen besonderen Farbkontrast.

Sehr häufig sind **Kontrastfarben.** Dazu kann einmal das grüne (und glänzende) Laub dienen. Ein bekanntes Beispiel ist *Ilex aquifolium*. Eine wirksame Attraktion ist auch durch einen Farbkontrast von Frucht und Fruchtstiel bzw. Fruchtstandsachse gegeben wie bei *Ampelopsis*, Cornus *racemosa, Sambucus nigra* und *Parthenocissus tricuspidata* (Abb. 4.136).

Bisweilen reifen die Früchte oder Fruchtteile nicht einheitlich, sondern zeitlich verzögert. So treffen wir an noch nicht vollreifen Fruchtständen bei *Viburnum lantana* und *V. rhytidophyllum* und anderen Arten der Gattung in einer Infrukteszenz unreife grüne und rote Früchte neben schon ausgereiften schwarzen Früchten an, sodass sich dadurch ein deutlicher Farbkontrast ergibt (Abb. 4.137). Bei *Rubus caesius* reifen die einzelnen Früchtchen ungleich mit dem Ergebnis eines Farbkontrasts von grün über hellrot und rot bis blauschwarz.

Abb. 4.136 *Parthenocissus* tricuspidata. Farbkontrast der Fruchtstände mit roten Achsen und blau bereiften Früchten (U. Hecker)

Sehr häufig treffen wir zusätzlich **kontrastierende farbliche Organe** an: Kelch, Arillus, Funiculus, Hochblätter, ein geöffnetes Perikarp.

Die rote Farbe tritt am häufigsten auf. Wir finden sie bei den Gattungen *Ilex*, Sorbus, Crataegus und *Rubus*. Bei den staudigen *Paeonia cambessedesii, P. mascula* und *P. daurica* ssp. *mlokosewitchii* kommt es zu einem Farbkontrast besonderer Art. In den geöffneten Bälgen liegen reife, schwarz glänzende Samen und kleinere, leuchtend rote, sterile Samen eng beieinander (Abb. 4.138). Beide Samenformen sind saftig-weich. Bei manchen Arten resultiert ein Farbkontrast auch durch eine intensiv gefärbte Innenwand des Perikarps. Ein schönes Beispiel bietet die Sapindacee *Majidea zanguebarica* aus dem tropischen Ostafrika.

Bei der Gattung *Ochna*, so *O. multiflora* aus dem tropischen Afrika, sitzen mehrere schwarze, einsamige Steinfrüchtchen einer postfloral, leuchtend roten Blütenachse an. Zudem ist der persistierende Kelch ebenfalls leuchtend rot gefärbt.

Auch beim Genus *Clerodendrum* bleibt der Kelch postfloral erhalten und vergrößert sich bisweilen. So leuchten die reifen, schwarzblauen, beerenartigen

Abb. 4.137 *Viburnum lantana*. Farbkontrast durch reife, schwarze und unreife, rote Früchte (U. Hecker)

Abb. 4.138 *Paeonia cambessedesii*. Farbkontrast durch reife, schwarze und sterile, rote Samen (D. Roth)

Steinfrüchte zu den etwas fleischigen, rosa gefärbten, in Kontrast stehenden Kelchblättern (Abb. 4.139).

Bei der Monimiacee *Ephippiandra* (Syn. *Hedycaryopsis*) *madagascariensis* aus Madagaskar vergrößert sich die Blüten- bzw. Fruchtachse postfloral, wird fleischig und färbt sich rot. Auf ihr sitzen, etwas eingebettet, die schwarz glänzenden Steinfrüchtchen (Abb. 4.140).

Abb. 4.139 *Clerodendrum minnahassae*. Farbkontrast durch Kelch und Fruchtkörper (R. Greissl)

Abb. 4.140 *Ephippiandra* madagascariensis (Monimiaceae). Fruchtachse mit farblich kontrastierenden Steinfrüchtchen (S. Vogel)

Bei *Actaea pachypoda*, einer krautigen Ranunculacee aus Nordamerika, sitzen die weißen Beeren an leuchtend rot gefärbten Fruchtstielen.

Weiße Früchte treffen wir häufig bei Winterstehern an: *Cornus*-Arten, *Symphoricarpos albus*, Viscum *album*.

Einen fleischigen, leuchtend roten, stark vergrößerten **Funiculus** finden wir bei *Acacia falcata* und weiteren Arten (Abb. 4.141). Sehr häufig sind **farbige Arillusbildungen** bei Gehölzen anzutreffen. Sie können unterschiedlich groß sein und bisweilen den Samen fast ganz umhüllen: *Euonymus*-Arten, *Taxus baccata*, *Afzelia africana* (Abb. 4.142).

Ein sehr schönes Beispiel sind die arillaten Samen der Meliacee *Turraea zambesica* aus dem Caprivizipfel Namibias. Das turgeszente, grüne Perikarp öffnet sich und zeigt die in einem Kreis stehenden, etwa zehn schwarz glänzenden Samen mit den zentral angeordneten, lachsfarbenen Arillen. Sehr schöne, rote Arillusbildungen finden wir auch bei der australischen *Turraea pubescens*.

Bei der Sapindaceengattung *Harpullia* sind Arillusbildungen häufig anzutreffen. Bei *H. rhachiptera* öffnen sich die roten Früchte zweiklappig und zeigen den schwarz glänzenden Samen, der fast ganz von einem gelben Arillus umgeben ist. Hier sind es also drei Farben, die miteinander im Kontrast stehen.

Sehr schöne, typische **Arillusbildungen** finden wir bei Vertretern der Sapindaceen, so bei den Gattungen *Alectryon*, Arytera, Cnesmocarpon, Cupania, Cupaniopsis, Diploglottis, Harpullia und *Toechima*. Zu nennen sind auch *Poly-*

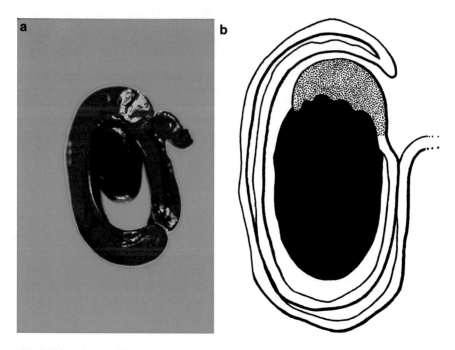

Abb. 4.141 a *Acacia falcata.* Samen mit rotem Funiculus (R. Greissl). **b** *Acacia retinoides.* Samen (schwarz) mit langem Funiculus und Arillus (punktiert). (Nach Murray 1986)

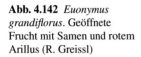

Abb. 4.142 *Euonymus*
grandiflorus. Geöffnete
Frucht mit Samen und rotem
Arillus (R. Greissl)

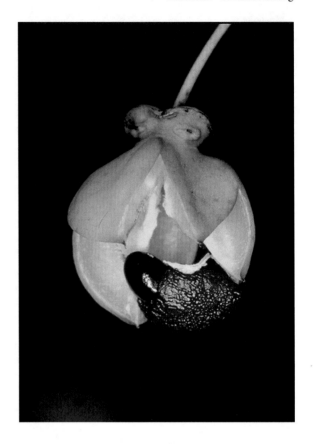

gala arillata (Polygalaceae) und *Sloanea australis, S. langii* und *S. macbrydei.*
Bei *Alectryon connatus* und *A. semicinereus* ist der schwarze Samen fast ganz von
einem roten Arillus umkleidet.

Die Elaeocarpacee *Sloanea australis* aus Ostaustralien hat eine verholzte,
aus drei bis fünf Karpellen gebildete, 15–20 mm große Kapsel. Je Fruchtfach
befindet sich ein schwarz glänzender, fast ganz von einem roten Arillus umgebener
Samen. Diese Samen werden unter anderem vom Schild-Paradiesvogel *(Ptiloris*
paradiseus) verzehrt.

Einen rot gefärbten Arillus hat auch die in Florida beheimatete Clusiacee
Clusia rosea. Die im Durchmesser 5–8 cm großen gelben, rötlich getönten
Kapseln öffnen sich sechs- bis neun(zwölf)klappig und präsentieren die mit einem
lappigen, roten Arillus versehenen Samen. Die Dilleniacee *Tetracera nordtiana*
aus Australien verfügt über einen am Rand zerschlitzten, roten Arillus, der einen
schwarzen Samen umgibt. Einen am Rand zerfransten, roten Arillus, der den
Samen ganz umkleidet, hat die australische Picrodendracee *Austrobuxus mega-*
carpus. Auch bei der australischen Meliacee *Aglaia meridionalis* wird der Samen
zur Gänze von einem roten Arillus umkleidet. Ebenso verhält sich die australische
Dilleniacee *Hibbertia scandens.*

Der aus dem tropischen Westafrika stammende, zu den Sapindaceen gehörige Akee-Baum *(Blighia sapida)* besitzt im Durchmesser 8–10 cm große, rosa bis rötlich gefärbte Kapselfrüchte, die sich öffnen und ihre 2,5 cm großen ellipsoiden, schwarzbraun glänzenden Samen zeigen, die mit einem 5 mm dicken, den Samen bis zur Hälfte umhüllenden, gelblichen Arillus versehen sind (Abb. 4.143).

Afzelia africana, eine Leguminose aus dem tropischen Afrika, hat 10–20 cm lange und 5–8 cm breite Hülsen. In geöffnetem Zustand sieht man die aufgereihten 2–3 cm langen, schwarzen Samen, die zu etwa einem Drittel von einem gelben bis orangefarbenen Arillus umgeben sind. Ebenfalls über einen gelben bis orangefarbenen Arillus an den schwarzen Samen verfügt die Connaracee *Connarus conchocarpus* aus Australien, deren reife Früchte rot gefärbt sind. Die in Australien beheimatete Celastracee *Hypsophila halleyana* hat grüne Früchte. Zur Reife öffnen sie sich durch einen langen Spalt und zeigen die mit einem großen, helleren Arillus umgebenen dunklen Samen (Abb. 4.144). Von außen unsichtbar ist der weiße, den Samen völlig umkleidende Arillus bei der Sapindacee *Litchi chinensis* aus Südchina.

Der Muskatnussbaum *(Myristica fragrans)* bildet einsamige, balgähnliche, 5–10 cm große Früchte aus, deren gelbes, fleischiges Perikarp sich zweiklappig öffnet und einen roten zerschlitzten Arillus zeigt, der den schwarzen, 3 cm großen Samen umgibt. Die Samen werden unter anderem von der Indonesischen Fruchttaube *Carpophaga* gefressen (Abb. 4.145).

Einen echten Arillus vortäuschend können sogenannte **Pseudoarillen** sein, wie wir sie bei der Burseraceengattung *Commiphora* antreffen. Hier lösen sich Teile des intensiv gefärbten, in Kontrast zum Samen stehenden Endokarps der Frucht und umhüllen den Samen mehr oder weniger weit.

Beeren und Steinfrüchte Wie Versuche von Stopp und Seuter (1968) ergaben, werden leuchtende Früchte in gleichfarbenen Behältern von fruchtfressenden Vögeln kaum beachtet. Ebenso verhält es sich mit Einzelfrüchten. Anders verhält es sich hingegen bei einer großen Häufung oder in Verbindung mit einem Farbkontrast.

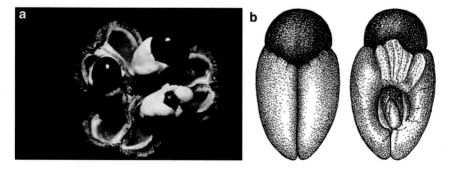

Abb. 4.143 *Blighia sapida*. **a** Geöffnete Frucht. Samen mit gelben Arillen (U. Hecker). **b** Samen (schwarz) mit Arillus (hell, punktiert); links: Oberansicht, rechts: Unterseite.

Abb. 4.144 *Hypsophila halleyana*. Frucht mit arillaten Samen (A. Weber)

Je nach Vogelart haben die Früchte natürlich eine bestimmte Größe. So sind sie bei der Amsel bis zu 1 cm im Durchmesser groß: *Crataegus*-, *Prunus*- und *Sorbus*-Arten, *Taxus* und *Sambucus*.

Auch die Steinfrüchte von *Olea*-Arten und der Ölpalme werden zum Teil ornithochor ausgebreitet. Oliven werden von Krähen, Elstern und Tauben, Steinfrüchte der Ölpalme von Geiern verzehrt.

Beispiele zur Vermeidung des vorzeitigen Gefressenwerdens bieten die 15–20 mm im Durchmesser großen Beeren von *Diospyros lotus*, die selbst zur Vollreife für Vögel aufgrund ihrer Gerbstoffe unattraktiv sind. Nach Einwirkung von Frost sind sie in Mitteleuropa innerhalb kürzester Zeit abgeerntet und verzehrt. Dagegen hat *Viburnum betulifolium* aus China zur Reife leuchtend rote, glänzende, im Durchmesser 6 mm große Steinfrüchte, die von heimischen Vögeln gemieden werden. Sollten jedoch in strengen Wintern Wintergäste aus dem Norden, zum Beispiel Seidenschwänze *(Bombycilla garrulus)* oder Wacholder- und Rotdrosseln *(Turdus pilaris, T. iliacus)* durchziehen, so sind sie in kürzester

Abb. 4.145 *Myristica fragrans*. Samen mit Arillus (R. Greissl)

Zeit abgefressen. Bleiben solche Wintergäste aus, hängen die Früchte ein-getrocknet mitunter noch ein bis zwei Jahre an den Zweigen. Auch die Alpen-dohle *(Pyrrhocorax graculus)* ist in diesem Zusammenhang zu nennen, die sich im Winter von sonst verschmähten Früchten ernährt.

Die Früchte von *Hippophaë rhamnoides* bleiben oft den Winter über an den Zweigen hängen. Gelegentlich kann man beobachten, wie Saatkrähen *(Corvus frugeligus)* im Spätwinter, so beobachtet am 5. Februar 1984 im Botanischen Garten Mainz, deren Früchte fraßen.

Die violett gefärbten, im Durchmesser 4 mm großen Steinfrüchte von *Callicarpa japonica* aus Ostasien passen anscheinend nicht in das Nahrungs-schema fruchtfressender heimischer Vögel. Mitunter stellt sich jedoch, oft nur lokal, ein „Lern- und Gewöhnungseffekt" ein. So kommt es, dass die Früchte ört-lich gemieden, jedoch nur wenige Kilometer entfernt zur Reife sofort verzehrt werden.

Auch am Boden reifende Früchte wie die der Moosbeere *(Vaccinium oxycoccos)* werden von Vögeln verzehrt. Beobachtet wurden Seidenschwänze *(Bombycilla garrulus)*, Wiesenpieper *(Anthus pratensis)* und Tannenhäher *(Nucifraga caryocatactes)*.

Docters van Leeuwen (1934) berichtet über die endozoochore Ausbreitung von Ausbreitungseinheiten durch den Indischen Purpurstar *(Aplonis panayensis strigatus)* auf Java.

Über das Gefressenwerden von Früchten zweier Araceen, *Amophophallus paeoniifolius* in Papua-Neuguinea und *Alocasia macrorrhiza* in Australien berichten Peckover (1985) und Shaw et al. (1985).

Wohl generell von Vögeln nicht gefressen werden hingegen die Beeren von *Arum*, Maianthemum und *Polygonatum*.

Dass die Darmpassage für die Keimung von Vorteil ist, machte sich der Mensch zunutze, indem er früher die Früchte von *Ilex paraguariensis,* dem Mate-Baum, Hühnern ins Futter mischte und dann die Steinkerne aus dem Kot herauslas (Warburg 1923).

Scheinbeeren Scheinbeeren können morphologisch recht unterschiedliche verzehrbare Weichteile enthalten. Beim Genus *Coriaria* (Coriariaceae) werden die Petalen postfloral fleischig und umhüllen die geschlossen bleibenden Früchtchen.

Beim Genus *Gaultheria* (Ericaceae) wird die Kapsel postfloral von einem fleischig gewordenen Kelch umhüllt. Dieser Kelch kann postfloral rot *(G. depressa),* blauschwarz *(G. shallon)* oder weiß *(G. miqueliana)* gefärbt sein (Abb. 4.146).

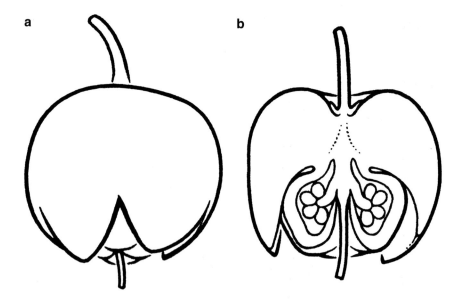

Abb. 4.146 *Gaultheria procumbens.* **a** Frucht. **b** Fruchtlängsschnitt

Kompliziert gebaut sind auch die Ausbreitungseinheiten bei der Caryophyllacee *Pollichia campestris.* Es handelt sich um Partialfruktifizenzen, bei denen der saftig-fleischige, für die Ausbreiter attraktive Teil der Ausbreitungseinheit aus den zur Reife weißen, saftigen Fruchtstielen (Loben) gebildet wird (Magin 1984; Abb. 4.147).

Komplizierter sind die Früchte der Gattung *Viscum* gebaut. Sie gehen aus einem unterständigen, in einem Blütenbecher (Blütenachse) eingesenkten Fruchtknoten hervor. Die Innenschicht des Blütenbechers verschleimt. Die dünne eigentliche Fruchtwand (Perikarp), die den Samen umgibt, wird von dem Verwachsungsgebilde umhüllt. Die Innenschicht des Fruchtachsenanteils ist mit einer Klebschicht (Viscinschicht) umgeben, die sogar noch nach einer Darmpassage klebewirksam ist. Zum Teil werden die Samen, die beim Verzehr der Früchte am Schnabel kleben, abgewetzt.

Fruchtstände Die 2–3 cm Durchmesser großen, orangeroten, kugelförmigen Fruchtstände von der aus Ostasien stammenden *Broussonetia papyrifera* (Moraceae) fallen oft in großen Mengen zu Boden, wo sie von Spatzen, Buchfinken, Türkentauben und Fasanen verzehrt werden. Die ebenfalls kugelförmigen Fruchtstände von *Cornus kousa* werden auch von Amseln verzehrt.

Bei *Morus alba* und *M. nigra* umhüllt das persistierende, fleischig werdende Perigon postfloral die zu Nüssen auswachsenden, dicht stehenden Fruchtblätter, sodass der Fruchtstand ein brombeerähnliches Aussehen annimmt. Diese Frucht-

Abb. 4.147 *Pollichia campestris.* Zweig mit Früchten (U. Hecker, Nov./Dez. 1986)

stände werden an den Bäumen von Vögeln abgeerntet oder am Boden liegend aufgesucht und verzehrt.

4.5.3.5.4.2 Ausbreitungseinheiten ohne Weichteile

Gut untersucht ist die Lebensgemeinschaft zwischen Tannenhäher *(Nucifraga caryocatactes)* und Arve *(Pinus cembra)* durch Mattes (1982) in den Jahren 1974–1976 im Stazer Wald (Schweiz). Die geschlossen bleibenden Zapfen bergen dünnwandige, große, kalorienhaltige Samen ohne die für viele *Pinus*-Arten typischen Fluganhangsgebilde. Die Zapfen werden ab Juli von den Vögeln abgeerntet. Die Tannenhäher können in ihren Kehlsäcken bis zu 100 Samen fassen und diese bis zu 15 km weit bei bis zu 700 m Höhenunterschied transportieren. Je etwa drei bis vier Samen werden alsdann in Vorratslagern in wenigen Zentimetern Tiefe deponiert. Ein Vogel kann bis zu 10.000 Verstecke mit bis zu 100.000 Samen anlegen. Da die Vögel, die vorwiegend im Brutrevier auch überwintern, nur etwa 82 % dieser Verstecke leeren, ist für die Ausbreitung der Samen in einem meist optimalen Keimbett gut gesorgt. Die Reviergröße beträgt rund 6 ha, wobei sich die Reviere mehr oder weniger stark überschneiden. Ungeklärt ist, wie die Vögel ihre Depots selbst bei völliger Schneebedeckung finden können.

In Nordamerika ist es der Kiefernhäher (Clark's nutcracker; *Nucifraga columbiana*), der die ungeflügelten Samen von *Pinus albicaulis* in der Sierra Nevada von Kalifornien sammelt und verbreitet. Die Tiere können im Schnitt 77 Samen, im Extrem bis zu 150 pro Flug aufnehmen. Pro Versteck werden etwa vier Samen deponiert (Tomback 1977, 1982; Van der Wall und Balda 1977). Auch die Samen von *Pinus edulis* werden so verbreitet.

Die Rutacee *Zanthoxylum simulans* aus China (Abb. 4.148) hat rosarote Balgfrüchte mit einem schwarz glänzenden Samen je Fruchtfach, der an der fast weißen Perikarpinnenwand exponiert inseriert ist. Dieses Verhalten leitet über zu den klassischen, mimetischen Ausbreitungseinheiten.

Die geöffneten Früchte von *Sterculia quadrifida* weisen eine leuchtend rot gefärbte innere Fruchtwand auf, zu der die schwarzen Samen in deutlichem Kontrast stehen.

4.5.3.5.4.3 Mimetische Ausbreitungseinheiten

Ausbreitungseinheiten, die aus einem harten, oft schwarz glänzenden Samen und einem weichen, verzehrbaren Anteil bzw. Anhangsgebilde (z. B. einem Arillus) bestehen, werden gelegentlich von einem nicht verzehrbaren, einheitlich festen Gebilde imitiert. Hierzu zählen die aus mehreren Verwandtschaftskreisen, vor allem aber Leguminosen, stammenden **Täuschsamen.**

Abrus precatorius besitzt 6–7 mm große, ellipsoide, schwarz-rote Samen, deren Rotanteil etwa zwei Drittel ausmacht (Abb. 4.149). Sie bleiben fest an den geöffneten Hülsenhälften des etwa 6 cm großen Fruchtstands haften. Ähnlich gefärbt sind die exponierten Samen mancher *Erythrina*-Arten. Auch die in den Tropen beheimatete Fabacee *Rhynchosia phaseoloides* besitzt zur Fruchtreife

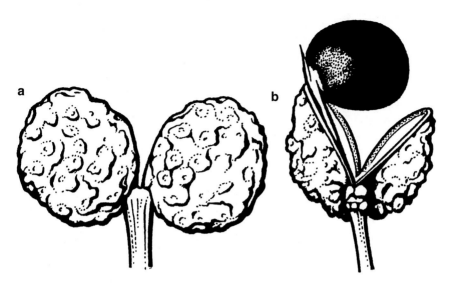

Abb. 4.148 *Zanthoxylum simulans*. Geschlossene (**a**) und geöffnete (**b**) Frucht

Abb. 4.149 *Abrus precatorius*. Fruchtstand mit Täuschsamen (U. Hecker)

wenigsamige, geöffnete Hülsen, deren exponierte glänzende Samen schwarz-rot gefärbt sind.

Die Fabacee *Ormosia krugii* aus Westindien zeigt in den geöffneten, kugelförmigen Früchten neben rein rot gefärbten Samen auch solche, die etwa bis zur Hälfte rot-schwarz gefärbt sind.

Bei *Archidendron muellerianum*, eine Fabacee (Mimosoideae) aus Ostaustralien, ist die Außenwand des 4–8 cm großen Perikarps rot, innen gelb gefärbt.
In Kontrast dazu stehen die blauschwarz bis schwarz glänzenden, 6 mm großen,
ovalen Samen.

Die Sapindaceae *Majidea zanguebarica* hat aus drei Karpellen gebildete 3 cm
große Trockenkapseln und trägt je Fruchtfach zwei samtig schwarzblaue Samen,
die in schönem Farbkontrast zur rot gefärbten Fruchtwand stehen.

Die Fabacee *Adenanthera pavonina* (Mimosoideae) aus dem tropischen Süd-
ostasien hat zur Reife 15–20 cm lange, verdreht gewundene Hülsen, deren Innenwand cremefarben ist. An ihnen haften die 7,5–10 mm großen, abgeflachten,
glänzend roten, harten Samen. Fütterungsversuche mit körnerfressenden Vögeln
verliefen negativ. Hingegen fanden sich im Kot von Fruchtfressern intakte, keimfähige Samen.

Eigenartig ist die Farbkontrastbildung bei der zentralafrikanischen Fabacee
Rhynchosia mannii mit etwa 10–14 cm langen schmalen Trauben. Die eingetrocknete, rote Corolla persistiert und steht in Kontrast zu den an der Innenwand
weißgrau gefärbten, weit geöffneten, 2 cm großen Hülsen, denen die exponierten,
schwarzblau gefärbten Samen ansitzen.

Die Rutacee *Tetradium daniellii* aus China hat Früchte, die aus vier bis fünf
Fruchtblättern gebildet werden. Zur Samenreife öffnen sich die mehr oder weniger
freien Karpelle und präsentieren je einen schwarz glänzenden Samen. Dieser wird
von den Vögeln herausgezogen und gefressen. Verbunden durch eine dünne, eingetrocknete Plazentaschicht mit diesem großen, harten und schwarz glänzenden
Samen ist ein zweiter kleinerer, dünnwandiger Samen, der verzehrt und verdaut
wird, während der große Samen unbeschädigt mit dem Kot ausgeschieden wird.
Es ist wohl im Pflanzenreich ein einmaliges Phänomen (Abb. 4.150).

4.5.3.5.5 Fledermäuse – Chiropterochorie

Begriffsbildung: Van der Pijl (1957)

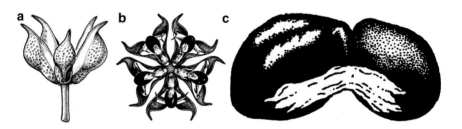

Abb. 4.150 *Tetradium daniellii.* **a** Geschlossene Frucht. **b** Geöffnete Frucht. **c** Samenpaar

Chiropterochorie begegnet uns in den Tropen und Subtropen. Im tropischen Asien, Afrika und Australien sind es vor allem Megachiroptera, die Fruchtfresser sind. In der Neotropis werden Früchte auch von Microchiroptera, zum Beispiel einigen Phyllostomidae, verzehrt und ausgebreitet.

Besondere Anpassungen seitens der Pflanzen an die Chiropterochorie sind die Langstieligkeit der Früchte (Flagellikarpie) und die Stammfrüchtigkeit (Kaulokarpie). Auf diese Weise gelangen die Fledermäuse leicht an ihre Beute, ohne in das mehr oder weniger dichte, mit Zweigen und Blättern versehene Kronendach fliegen zu müssen.

Früchteverzehrende Fledermäuse sind nachtaktiv und besitzen einen nur schwachen Gesichtssinn, der auch Farbenblindheit einschließt, dafür aber einen sehr ausgeprägten Geruchssinn. Sie bevorzugen Früchte, die überreif sind und ranzig duften und bei denen der Gärprozess begonnen hat.

Die Früchte sind zumeist gelblich-grau und duften intensiv, etwas modrig und schmecken süß bis ranzig. Die Früchte sind bisweilen groß, auch großsamig.

Kleinsamige Früchte stammen von *Ficus*- und *Piper*-Arten. Die Früchte bzw. Fruchtstände werden aufgeschlitzt und der Fruchtbrei oder Saft mit den Samen ausgesogen. Größere mitgeschluckte Samen werden meist ausgewürgt.

Großfrüchtige und großsamige Arten werden meist zu einem Ruheplatz transportiert und dort ihr Saft ausgesogen. Manche Arten wie *Pteropus* können selbst schwere Mangos transportieren. Der Fressvorgang erfolgt im Hängen. Hier handelt es sich also um keine eigentliche Endozoochorie.

In Mitteleuropa begegnen uns Pflanzen, die mit diesen Merkmalen ausgestattet sind, nicht. Die nächsten kaulikarpen Pflanzen finden wir im Mittelmeergebiet, es sind die Gattungen *Ceratonia* und *Cercis*. *Ceratonia* gedeiht an der Nordgrenze des Verbreitungsgebiets afrikanischer Fruchtfledermäuse. Sie selbst ist jedoch nicht chiropterochor.

Beispiele für Flagellikarpie, die Langstieligkeit der Früchte, finden wir bei der Malvaceae (Bombacaceae) *Adansonia indica* und der Anacardiacee *Mangifera indica*.

Die Fabacee *Swartzia prouacensis* aus Guayana besitzt einen bis 3 m langen Funiculus, an dem die Samen aus den Hülsen heraushängen. In der noch geschlossenen Hülse ist der Funiculus geknäuelt. Auch *Lecythis pisonis* (Syn. *L. usitata*) weist einen langen Funiculus auf.

Kaulikarpie begegnet uns bei Annonaceen, Sapotaceen, Sterculiaceen und Ebenaceen. Häufig ist Kaulikarpie beim Genus *Ficus*. Auch die Moracee *Artocarpus* ist kaulikarp. Häufig treffen wir Chiropterochorie bei Palmen an.

Die in Malaysia beheimatete kauliflore Meliacee *Lansium parasiticum* (Syn. *L. domesticum*) hat Trauben mit gelben Beeren, deren Samen einen Arillus aufweisen.

Kulzer (1963) beobachtete, dass die Nilflughunde *(Rousettus aegyptiacus)* auch bei völliger Dunkelheit sicher die Fruchtstände von *Ficus sycomorus* aufspüren und verzehren. Sie sind wohl unter den Megachiropteren die, welche am weitesten nach Norden vordringen. Zu ihrer Nahrung gehören auch zahlreiche Obstarten wie Bananen, Mangos und Pfirsiche.

Carlos et al. (1975) untersuchte den Kot der zu den Microchiroptera gehörenden *Artibeus jamaicensis* (Phyllostomidae) und fand darin unter anderem Samen von *Brosimum alicastrum, Ficus glabrata, F. insipida* (Moraceae), *Calophyllum brasiliense* (Clusiaceae), *Cecropia obtusifolia* (Urticaceae), *Cynometra retusa* (Fabaceae), *Piper auritum* (Piperaceae) und *Spondias mombin* (Anacardiaceae). Van der Pijl (1972) listet mehrere Fabaceengattungen vorwiegend aus Afrika wie *Angylocalyx*, Cordyla, *Cynometra*, Detarium und *Inocarpus* (Polynesien) auf.

Lobova et al. (2009) verdanken wir eine gründliche Auflistung von Pflanzenfamilien, Gattungen und Arten der Neotropis, bei denen Chiropterochorie anzutreffen ist.

Fledermäuse haben auch bei der Wiederbesiedlung der Insel Krakatau eine große Rolle gespielt.

4.5.3.5.6 Säugetierausbreitung – Mammaliochorie

Begriffsbildung: Heintze (1932)

Wir können unterscheiden zwischen zufällig aufgenommenen Diasporen und angepasster Endozoochorie.

Zufällig aufgenommene Ausbreitungseinheiten
Es handelt sich zumeist um kleine, harte Samen oder Früchte, die mit den Blättern gefressen werden. Häufig treffen wir dieses Phänomen bei Amaranthaceen, *Ranunculus*- und *Urtica*-Arten an.

Dorph-Petersen (1904) verfütterte einer Kuh 100.000 Samen von *Plantago lanceolata* und 600.000 Früchte von *Chrysanthemum*. Die Keimfähigkeit der Samen nach der Darmpassage betrug bei *P. lanceolata* 58 %, bei *Chrysanthemum* 72 %. Bei den Kontrollsaaten lagen die entsprechenden Werte bei 89 bzw. 94 %.

Bei *Trifolium repens* betrug die Keimfähigkeit nach Müller-Schneider (1938) im Pferdekot 71 %, im Rinderkot 38 %.

Kempski (1906) verfütterte Unkrautsamen an Rinder und Schafe. Tab. 4.2 zeigt die Ergebnisse von hier ausgewählten Arten.

Alexandre (1978) befasste sich mit der Samenverbreitung durch Elefanten. Er schätzt, dass etwa 30 % der Waldbäume der Elfenbeinküste durch Elefanten verbreitet werden.

Angepasste Endozoochorie
Säugetiere verfügen meist über einen guten Geruchssinn. Sie besitzen Zähne und fressen zum Teil nachts. Wichtig ist daher ein wirksamer Schutz des Samens bzw. Embryos gegen mechanische Zerstörung. Die Farbe der Ausbreitungseinheiten spielt keine große Rolle, wohl aber der Duft der Objekte. Die Früchte sind oftmals sehr groß. Wichtig ist ihre Erreichbarkeit. Äpfel und Birnen gelangen zur Reife durch Abfallen vom Baum in den Lebensraum der Tiere. Häufig sind sie grün,

Tab. 4.2 Keimfähigkeit von Unkrautsamen vor und nach der Passage von Rinder- und Schafdärmen

Pflanzenart	Keimfähigkeit (%)	Schaf		Rind	
		Abgang (%)	Keimfähigkeit nachher (%)	Abgang (%)	Keimfähigkeit nachher (%)
Atriplex hortensis	95	25	54	47	36
Chenopodium album	32	19	26	24	22
Fumaria officinalis	10	20	7	19	5
Myosotis arvensis	72	59	13	43	5
Plantago lanceolata	56	48	41	57	38
Rumex acetosa	86	23	17	37	12
Sinapis arvensis	72	62	29	75	23

aromatisch duftend und saftreich. Ein sehr schönes Beispiel ist *Malus ioensis* aus Nordamerika. Im Herbst duften die klebrigen, grünen reifen Äpfel nicht nur, sie sondern auch so viele Duftstoffe ab, dass diese in Tropfen zu Boden fallen können. Ganz ähnlich verhält sich *M. coronaria,* der in der forma Charlottae häufig angepflanzt wird (Abb. 4.151).

Beim Genus *Malus* werden nicht alle Arten von Säugetieren verzehrt. Bei manchen Arten sind die Früchte nahezu geruchslos, farbig und bleiben an den Zweigen haften. Es handelt sich hier also um Merkmale, die für eine ornithochore Ausbreitung sprechen (Abschn. 4.5.3.5.4.1).

In der heimischen Fauna ist es der Dachs, der Früchte frisst und für eine Verbreitung der Diasporen sorgt.

In Afrika stellen Wildkatzen den Früchten von *Olea*-Arten nach.

Die Früchte der Avocado (*Persea americana*, Lauraceae) enthalten ein sehr fettreiches Perikarp, das gern auch von räuberisch lebenden Tieren verzehrt wird.

Beim Genus *Rosa* sind die meisten Hagebutten rot gefärbt, duftlos und bleiben nach der Reife an den Zweigen haften. Auch hier handelt es sich um Merkmale, die für eine ornithochore Ausbreitung sprechen. Eine Ausnahme hingegen macht *Rosa roxburghii* aus China. Bei dieser Art fallen die recht großen, grünen und intensiv nach Äpfeln duftenden Früchte zu Boden (Abb. 4.152).

Elefanten können recht große Mengen an Früchten verzehren. Zu ihrer Nahrung gehören auch Palmfrüchte. Die Arecacee *Borassus flabellifer* (in Südasien bis Neuguinea beheimatet) hat bis zu 2 kg schwere Steinfrüchte mit einem Durchmesser von 15–20 cm. Die drei Samen von etwa 12–13 cm Länge, die von einem steinharten Endokarp umgeben sind, sind in ein orangefarbenes Mesokarp von melonen-, quitten- und ananasartigem Mischgeruch eingebettet. Es ist eine in

Abb. 4.151 *Malus coronaria* Charlottae. Früchte mit Aromatropfen (U. Hecker, 20. September 1992)

Abb. 4.152 *Rosa roxburghii*. Fast reife Frucht (U. Hecker, 30. August 1977)

den Tropen sehr häufig kultivierte Palmenart, die von zahlreichen Säugetieren verzehrt und ausgebreitet wird.

Eine besondere Frucht liefert der Durianbaum *(Durio zibethinus)*, ein Vertreter der Malvaceae (Bombacaceae), der in Indonesien und Malaysia beheimatet ist. Die Blüten werden hauptsächlich von einem Flughund, *Eonycteris spelaea*, bestäubt. Die eiförmigen bis ellipsoiden, 15–30 cm langen Früchte erreichen ein Gewicht von 2–8 kg. Außen ist die Frucht dicht mit drei- bis siebenkantigen, stachelartigen Gebilden besetzt. In ihrem Inneren enthalten sie fünf bis sechs Kammern, die jeweils einen Samen enthalten. Diese Samen sind 2–6 cm groß und von einem weißen bis gelblichen, weichfleischigen Arillus umgeben. Der Arillus hat einen unvergleichlichen süßlich-nussigen aber auch käsigen Geschmack nach Pfirsich, Haselnuss, Ananas, Wein und Käse. Beachtlich ist der penetrante süßlichfaulige Duft nach einer Abortgrube, der dazu führt, das es meist verboten ist, die Früchte in öffentlichen Verkehrsmitteln und Hotels mitzuführen. Vielen Verzehrern gilt die Frucht bzw. der Arillus als Köstlichkeit. Zahlreiche Tiere verzehren *Durio*-Früchte. Fruchtfresser und damit Ausbreiter sind Elefanten und Orang-Utans.

Howe (1980) hob die große Bedeutung von Affen bei der Verbreitung der in Zentral- und Südamerika heimischen Burseracee *Tetragastris panamensis* hervor. Die Früchte enthalten mit einem weißen Arillus ausgestattete Samen.

In Indonesien frisst der Musang *(Paradoxurus musang)*, eine Schleichkatze, mit Vorliebe Kaffeefrüchte. Die Kaffeebohnen werden aus der Losung ausgelesen, das gut erhalten gebliebene Endokarp weiterverarbeitet. Es liefert einen sehr guten Kaffee.

Interessant sind die Beziehungen zwischen der annuellen Cucurbitacee *Cucumis humifructus* und *Orycteropus afer*, dem Erdferkel, in Südafrika (Abschn. 5.8).

4.5.3.5.7 Ameisenausbreitung – Myrmekochorie

Übersicht
Begriffsbildung: Béguniot und Traverso (1905); Sernander (1906)
abgeleitet von griech. *myrmex*, gen. *myrmekos* = Ameise

Wir müssen unterscheiden zwischen Myrmekophilen, also Pflanzen, die von Ameisen bewohnt werden, und solchen, deren Diasporen durch Ameisen ausgebreitet werden.

Myrmekochorie begegnet uns nach Beattie (1983) weltweit bei etwa 70 Familien von Blütenpflanzen. Die Ausbreitungseinheiten sind von der Pflanze her spezifisch an eine Ameisenverbreitung angepasst. Die Diasporen werden nicht beschädigt oder gar gefressen. Sie weisen spezifische Bildungen auf, welche die Ameisen anlocken und ihnen als Nahrung dienen. Es sind in der Regel Anhangsgebilde, die den meist harten, glatten und oftmals glänzenden Körper der

Ausbreitungseinheiten ansitzen und meist weiß oder doch sehr hell gefärbt sind. Da die meisten dieser Anhangsgebilde ölige Inhaltsstoffe aufweisen, nennt man sie seit Sernander 1906 Ölkörper oder **Elaiosomen.**

Die Ausbreitungseinheiten sind relativ klein und somit an die Größe der Ameisen angepasst. In Mitteleuropa sind es Arten der Gattungen *Formica*, Lasius und *Myrmica* (Abb. 4.153a).

Die Ausbreitungseinheiten werden gesammelt und in den Bau getragen. Dort werden die Elaiosomen abgelöst und verzehrt. Die Samenkörper werden anschließend wieder aus dem Bau herausgetragen und oft nicht einfach fallen gelassen, sondern in Spalten abgelegt oder sogar vergraben. Sie erfahren so nicht selten eine geeignete Fixierung am späteren Keimungsort.

Der Transport der Verbreitungseinheiten ist nicht übermäßig weit und beträgt oft nur wenige Meter. Aber in längeren Zeiträumen ist die Ausbreitung jedoch recht effektiv. Oftmals endet die Ausbreitung an für Ameisen nicht überwindbaren Barrieren wie stehenden oder fließenden Gewässern.

Voraussetzung für eine wirksame Ausbreitung ist, dass die Diasporen in die Biosphäre der Ameisen gelangen. Das geschieht etwa durch die Erschlaffung der einst aufrechten Frucht- oder Fruchtstandsachsen, wie sie in der mitteleuropäischen Flora bei *Viola odorata, Galanthus, Scilla, Ornithogalum umbellatum* und *Leucojum vernum* beobachtet werden können. Auch können fruchtragende Achsen durch aktives Abwärtskrümmen in die Biosphäre der Ameisen gelangen, wie bei der Asteracee *Aposeris foetida, Hepatica* und *Potentilla*-Arten. Bei *Cyclamen*-Arten spiralisieren sich die zunächst aufrecht stehenden Kapselstiele, sodass es zu einem gleichartigen Resultat kommt (Abb. 4.154).

Elaiosomen finden wir an Klausen bei *Cerinthe* und *Myosotis* der Sektion *Strophiostoma*, zum Beispiel *Myosotis sparsiflora*.

Nicht selten werden Ameisen durch postfloral wirksame Nektarien zu den Ausbreitungseinheiten gelockt, wie das etwa bei *Melampyrum pratense* der Fall ist, sodass hier eine regelrechte Beerntung stattfindet. Bei der südamerikanischen

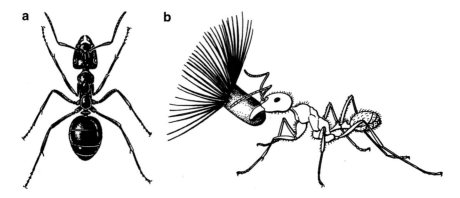

Abb. 4.153 a *Formica polyctena.* Arbeiterin der Kleinen Roten Waldameise (aus Jacobs und Renner 1988, S. 238, F-5). **b** *Messor.* Ernteameise. (Aus Dumpert 1972)

Abb. 4.154 *Cyclamen hederifolium.* Fruchtstieleinrollung

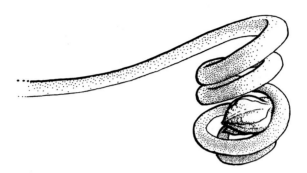

Turnera ulmifolia sind es extraflorale Nektarien, die eine solche Anlockung der Ameisen bewirken. Bei *Lamium album* erfolgt die Abholung der Klausen aus den Kelchen der nach wie vor aufrecht stehenden Fruchtstände.

Oft erfolgt eine Dehiszenz der noch turgeszenten Kapseln am Erdboden.

In der mitteleuropäischen Flora begegnen uns myrmekochore Pflanzen meist in der Krautschicht der Laubwälder. Durch Beschattung werden die Elaiosomen vor zu schnellem Austrocknen geschützt. Es sind zudem in der Regel Frühlings- oder Frühsommerblüher. Die Reifung der Ausbreitungseinheiten fällt somit in die Hauptsammelaktivität der Ameisen bzw. in die Zeit der Aufzucht der Nachkommen.

Nicht alle Arten einer Pflanzengattung sind myrmekochor. So sind die Ausbreitungseinheiten bei *Viola collina, V. odorata* und *V. hirta* myrmekochor, bei *V. arvensis* und *V. elatior* autochor. *Anemone nemorosa* und *A. ranunculoides* sind myrmekochor, *A. coronaria* und *A. sylvestris* sind anemochor, *Primula vulgaris* ist myrmekochor, *P. veris* verbreitet sich ein anemoballistisch.

„Elaiosom" ist ein funktioneller, kein streng morphologisch einheitlicher Begriff. So können Elaiosomen aus sehr unterschiedlichen Bildungen resultieren (Abb. 4.155):

- nicht abgegliederte Bereiche und keine eigentlichen Anhangsgebilde
- eine Sarcotesta, die aus der äußeren Testa oder Testaschichten aus äußeren Teilen des äußeren Integuments gebildet wird: bei *Allium ursinum, Cyclamen, Ornithogalum, Puschkinia*
- Bei *Cyclamen*-Arten besteht die Exotesta aus blasenförmig aufgetriebenen, sehr plasmareichen Zellen, die reichlich fettes Öl enthalten (Nordhagen 1932).
- Bei *Tozzia* finden wir ein dreischichtiges Perikarp aus einer dünnen Oberhaut, einem mehrschichtigen, zartwandigen und großzelligen Gewebe wie auch einer Innenschicht aus hartwandigen und verholzten Zellen.
- aus einer Raphe hervorgehend: bei *Chelidonium*, Helleborus
- aus einem Funiculus hervorgehend: bei *Moehringia, Sarothamnus*, Veronica *hederifolia*

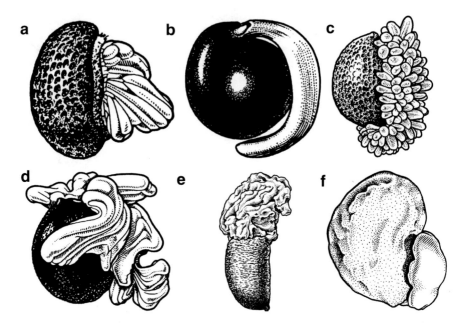

Abb. 4.155 Samen mit Elaiosomen. **a** *Chelidonium majus.* **b** *Corydalis cava.* **c** *Stylophorum diphyllum.* **d** *Dicentra eximia.* **e** *Leucojum vernum.* **f** *Datura innoxia*

Elaiosomen können ferner gebildet werden aus:

- Teilen des Außeninteguments nahe der Mikropyle: bei *Euphorbia-* und *Scilla-*Arten
- Endosperm: bei *Melampyrum-*Arten
- Endospermhaustorium: bei *Pedicularis sylvatica*
- Blütenachse: bei *Potentilla-*Arten
- Blütenachse zwischen Frucht und Hochblatthülle, die als ein vergrößertes, eiförmiges, behaartes Elaiosom ausgebildet ist: bei *Aremonia agrimonioides*
- steriler Ährchenteil: bei *Melica-*Arten
- Basis der Achäne: bei *Centaurea-*Arten und viele andere Asteraceen

Als Inhaltsstoffe von Elaiosomen finden wir fast immer Zucker und zwar in der Reihenfolge Glucose, Fructose, Saccharose. Stärke hingegen ist in den reifen Elaiosomen nur selten vorhanden. Eiweiß spielt kaum eine Rolle. Fette sind in unterschiedlich hohen Konzentrationen enthalten. So enthalten Elaiosomen bei *Knautia* sehr viel Fette, hingegen sind Elaiosomen bei *Veronica hederifolia* nahezu fettfrei. Vitamin B_1 und Vitamin C ist fast überall enthalten. Entscheidend jedoch ist das Vorhandensein von **Ricinolsäure,** eine ungesättigte Fettsäure.

Pedicularis sylvatica Es handelt sich um eine Pflanze der Flach- und Quellmoore, deren Ausbreitung wohl nur durch Ameisen erfolgt. Pro Kapsel befinden sich zehn bis 16, 1,5–2 mm lange Samen. Oft werden der Kelch und die Fruchtwand von Ameisen aufgebissen, um an die Samen zu gelangen und sie zu sammeln.

Melampyrum Die relativ großen Samen – bei *M. pratense* 6 mm – enthalten meist vier Samen pro Kapsel. Die eben ausgereiften Samen haben neben Größe, Form, Farbe auch das Gewicht von Ameisenpuppen. Die Nahrung wird in Form von Öltröpfchen, Eiweißkristallen im Plasma der Epidermiszellen der hinfälligen, abplatzenden Samenschale gelagert. Die Ameisen werden durch extraflorale Nektarien an den Hoch- und Laubblättern im unteren Viertel des Blatts wohl durch Duft angelockt. Die Nektarien sondern zur Fruchtreife reichlich eine wässrige Zuckerlösung ab. Mit bloßem Auge sind sie als dunkle Punkte erkennbar. Sie sind in die Blattoberfläche eingesenkt und fehlen nur bei wenigen Arten *(M. sylvaticum)*. Die reichlich abgeschiedene Zuckerlösung sammelt sich zunächst unter der Cuticula und wird durch die Sprengung der Cuticula frei. Die Samen fallen zu Boden oder werden von den Ameisen am Bildungsort gesammelt.

Bisweilen tritt eine Kombination unterschiedlicher Ausbreitungsweisen auf. So sind *Viola mirabilis* und *V. tricolor, Euphorbia dulcis, E. helioscopia* und *E. peplus, Mercurialis perennis* und *Cytisus scoparius* autochor und myrmekochor. *Polygala vulgaris, Knautia, Carduus* und *Cirsium* sind anemochor und myrmekochor.

Die kleinste Kaktee, *Blossfeldia liliputana* aus dem nördlichen Argentinien, ist myrmekochor.

Dass es in der australischen Flora ebenfalls das Phänomen der Myrmekochorie gibt, wurde erst durch Berg (1975) festgestellt. Australiens Flora umfasst ca. 18.000 Gefäßpflanzenarten. Davon sind mindestens 1500 aus 87 Genera und 24 Familien myrmekochor. Anders als auf der Nordhemisphäre sind es hier jedoch zumeist Sträucher, kaum Kräuter oder Waldpflanzen. Ein besonderes myrmekochores Syndrom fehlt, viele Arten sind zudem mittels Explosionsmechanismen wie bei Euphorbiaceen und Leguminosen auch autochor oder verbreiten sich auch mittels Ballismus, ebenfalls wie bei Leguminosen. Auch die Elaiosomen haben eine andere Konsistenz, sie sind fest und persistierend. Als myrmekochore Verbreitungseinheiten dominieren dunkle, harte und glänzende Samen mit einem hellen Elaiosom. Eine besondere myrmekochore Ausbreitungseinheit begegnet uns bei der Gattung *Xanthosia*, bei der dem Diskus, der vom postfloral wachsenden Kelch zunächst eingeschlossen ist, eine besondere Bedeutung zukommt. Als ein Beispiel sei die Apiacee *Xanthosia pilosa* aus SO-Australien und Tasmanien genannt. An Ameisengattungen in Verbindung mit der Myrmekochorie sind *Aphaenogaster*, Iridomyrmex, Pheidole und *Rhytidoponera* zu nennen.

Ernteameisen

Die Beziehungen von Ameisen und Pflanzen sind äußerst vielfältig. Denken wir an Blattschneiderameisen, die Pilzkulturen anlegen, oder an den Transport von Läusen.

Viele Pflanzen stellen den Ameisen Wohnbauten. Erwähnt seien *Acacia drepanolobium* mit stark angeschwollener Dornenbasis als Domizil zum Beispiel für die Ameisengattung *Crematogaster* und *Cecropia peltata* (Urticaceae) für die Ameise *Azteca*.

Hier seien nun die ausbreitungsbiologischen Bezüge näher betrachtet. Ernteameisen werden bereits in der Bibel erwähnt. In den Sprüchen Salomos VI, 6–8 heißt es

„Gehe hin zur Ameise, siehe ihre Weise und lerne: Bereitet sie doch ihr Brot im Sommer und sammelt ihre Speise in der Ernte"

Im Mittelmeergebiet ist es das Genus *Messor* (Abb. 4.153b).

Bei Beobachtungen in der Garigue bei Montpellier (Müller-Schneider 1933) wurden von Ameisen Diasporen von *Alyssum*, Cerastium, Cistus, Erodium, Helianthemum, Medicago, Thymus und *Trifolium* gesammelt. Eingetragen wird zur Fruchtreife, im Mittelmeergebiet also im Frühsommer. Benötigt wird das Saatgut im Sommer, Herbst und vor allem im zeitigen Frühjahr. Im Winter ist der Stoffwechsel stark herabgesetzt.

Die Rohware wird in oberen Kammern gespeichert. Dann erfolgt das Säubern. Aus dem Bau werden dann die Spelzen und Fruchtreste gebracht. Die Ablage dieses „Mülls" kann in beträchtlich großen Haufen erfolgen. Die blanken Samen werden alsdann in tiefer gelegenen Kammern gespeichert.

Die Samen werden in Kaugesellschaften oft stundenlang zu einem Brei, dem Ameisenbrot, der vor allem an die Larven verfüttert wird, zerkaut. Große Arbeiterinnen schneiden und halbieren zunächst, kleinere kauen. Durch lange Einspeichelung wird wohl Stärke in Zucker verwandelt.

Die Bauten reichen bis zu 3 m tief in den Erdboden und können einen Durchmesser von 12–50 cm erreichen. Die Öffnung des Baus ist von einem Ringwall ausgegrabener Erde umgeben. Die Deponien können gewaltig sein. Man hat bis zu 1000 Kammern pro Bau gefunden. Entsprechend groß können die Ernteverluste gewesen sein. Man hat in Algier früher mit 10 % Ernteverlust gerechnet. Um die Verluste in Grenzen zu halten, wurden regelrechte Ameisenbaugrabungen durchgeführt.

Von ausbreitungsbiologischem Interesse ist, dass bei einem Umzug und beim Transport Verluste entstehen, die dann eine Keimung der Diasporen ermöglichen. Bisweilen findet man in der Umgebung von Ameisenbauten an Ameisenstraßen Samen von Schließfrüchten wie *Medicago*.

McCook (1879) und Wheeler (1902, 1910) untersuchten in Nordamerika das Genus *Pogonomyrmex*. Hier fand man ganz ähnliche Verhältnisse wie im Mittelmeergebiet vor.

In Mitteleuropa sammelt die Rasenameise *Tetramorium caespitosum* (L.) zum Beispiel Früchte von Gräsern, *Senecio* und Samen von *Hypericum*.

Ameisenepiphyten der Tropen

Erstmals durch Beobachtungen von Ule (1901) in den Tropen gelangten Kenntnisse über Ameisenepiphyten zu uns. Die Ameise *Camponotus femuratus* errichtet im Amazonasgebiet in 15–20 m Höhe Ameisengärten auf Bäumen. Durch diese Höhe sind sie auch bei den regelmäßigen Überflutungen geschützt.

Ausgangspunkt ist eine Astgabel zur Befestigung und als Ablaufszentrum. Es erfolgt ein Erdauftrag. In dieses Keimbeet werden kleine Früchte und Samen eingebracht. Durch weiteren Erdtransport entstehen so stattliche Gärten, die mit ihren Höhlungen Ameisen als Nestbildungsorte dienen. In diesen Gärten dominieren Pflanzenarten wie *Aechmea longifolia, A. mertensii, Anthurium gracile, Codonanthe uleana, Epiphyllum phyllanthus, Peperomia macrostachya* und *Philodendron myrmecophilum.*

Auf niedrigeren Bäumen oder Sträuchern leben *Azteca*-Arten. Kleinere, aber eleganter gebaute Nestgärten finden wir in nur wenige Metern Höhe. Häufig finden sich im Bewuchs *Ficus paraensis, Codonanthe formicarum, Markea formicarum, M. ulei, Neoregelia myrmecophila* und *Philodendron myrmecophilum.* Viele dieser Pflanzenarten leben fast ausschließlich in solchen Ameisenbauten.

Ameisengärten kommen nicht nur in Südamerika vor. Wir finden sie beispielsweise auch auf Java. Pflanzen solcher Gärten gehören den Gattungen *Hoya,* Dischidia und *Aeschynanthus* an.

Iridomyrmex cordatus ist eine etwa 2 mm große Ameise Javas. Sie legt ihre Nester an und unter der Baumrinde der Wirtsbäume an.

Die Ameisengattung *Crematogaster* ist größer als *Iridomyrmex* und baut auch größere Nester. Hier wachsen unter anderem *Aeschynanthus albidus, A. angustifolius, Dischidia punctata* und *Hoya lacunosa.*

Die Ameisen sammeln auch Samen von verschiedenen *Dischidia*-Arten und deponieren sie ohne Nester zu bauen an Baumstämmen und Ästen. Die langen Samenhaare, die oft Öle enthalten sollen, werden abgebissen, die Samenkörper in Ritzen gestopft. Die sich entwickelnden Pflanzen bilden schließlich hohle Blattorgane aus. Später bewohnen diese Ameisen auch die Krugblätter der erstarkten Pflanzen von *Dischidia major* (Abb. 4.156).

Sehr eng ist die Beziehung zwischen Ameisen und Pflanzen wie *Hydnophytum* und *Myrmecodia*-Arten, zwei Rubiaceengattungen. Deren stark bauchig vergrößerte, basale Sprossachsen weisen Hohlräume auf, die als Lebensräume für Ameisen bestens geeignet sind (Abb. 4.157).

4.5.4 Anthropochorie – Ausbreitung durch den Menschen

Übersicht
Begriffsbildung: Heintze (1932)
   Rikli spricht bereits 1903 von Anthropochoren.

Von einmalig großer Bedeutung ist die Ausbreitung von Verbreitungseinheiten durch den Menschen. Unmittelbar durch den Menschen epizoochor in der Bekleidung verbreitet werden Verbreitungseinheiten von *Galium aparine* oder *Cynoglossum vulgare.* Endozoochore Verbreitung lässt sich bei *Lycopersicon,*

Abb. 4.156 *Dischidia major.*
Geöffnetes Schlauchblatt
mit Wurzeln (U. Hecker,
Thailand, 1992)

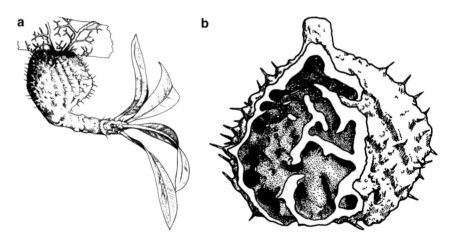

Abb. 4.157 *Myrmecodia tuberosa.* **a** Pflanze. **b** Knollenlängsschnitt. (Aus Buckley 1982)

Prunus, Ribes und *Rubus* nachweisen, wenn sich die Nachkommen dieser Arten an den unterschiedlichsten Lokalitäten, zum Beispiel in Wäldern, finden.

Von 70 Karpidien von *Fragaria vesca* keimten nach einem 38-stündigen Darmaufenthalt noch 45. Nach einem 36-stündigen Darmaufenthalt von *Vaccinium myrtillus* waren es noch 84 % (Müller-Schneider 1934).

Mit dem Getreide gelangten viele Pflanzen in oft sehr entfernte Gebiete. Das Gleiche gilt für Futtergräser und Klee. Die so eingeschleppten krautigen Pflanzen können sich dann als Unkräuter selbst anemochor oder zoochor weiter ausbreiten. Die fünf weltweit am weitesten verbreiteten Unkräuter sind *Capsella bursa-pastoris*, Chenopodium album, Poa *annua, Polygonum aviculare* und *Stellaria media* (Kadereit mündl.).

Adventivpflanzen, wir verstehen darunter die unter direkter oder indirekter Mitwirkung des Menschen in ein Gebiet eingewanderten Pflanzen, in dem sie ursprünglich nicht beheimatet waren (Wagenitz 2003), treffen wir vor allem an Häfen, Holzverlade- oder -bearbeitungsplätzen und Bahnhöfen an. Speziell an Bearbeitungsorten von Wolle kommt es zur Entstehung einer Wolladventivflora (Probst 1949).

Die perennen *Fallopia japonica* (maritimes und submeridionales China, Korea, Japan) und *F. sachalinensis* (Honshu bis Südsachalin und südliche Kurilen) stammen ursprünglich also aus Ostasien und haben sich als ausdauernde Großstauden sehr gut etabliert. *F. japonica* gelangte 1823, *F. sachalinensis* 1863 nach Europa.

Groß ist die Zahl der Neophyten aus Nordamerika wie *Galinsoga*, Robinia oder *Prunus serotina, Solidago canadensis* und *S. gigantea.*

Im Mittelmeergebiet sind Neophyten wie *Oxalis pes-caprae, Agave americana* oder *Opuntia* oft landschaftsprägend.

Impatiens glandulifera, eine Annuelle aus dem westlichen Himalaja (Kaschmir bis Nepal), gelangte 1839 nach England und von hier nach ganz Europa. Sie verbreitet sich autochor, wobei die Samen bis über 6 m weit fortgeschleudert werden. Häufig aber wird die Art aufgrund ihrer Schönheit als Gartenpflanze und als Bienenweide angepflanzt. Entlang von Bächen, Flüssen und in Feuchtgebieten kann sie große Bestände bilden.

Pueraria lobata aus Ostasien wurde 1876 in Philadelphia (Nordamerika) eingeführt und zur Stabilisierung von Straßenböschungen angepflanzt. Man hat jedoch ihr invasives Potenzial unterschätzt und hat heute mit den Folgen zu leben.

In Südafrika sind es Arten wie *Cosmos bipinnatus* und *Tagetes*, die vom Vieh nicht gefressen werden und in Massenbeständen zu einer großen Gefahr für die indigene Vegetation werden können.

Spartium junceum aus dem Mittelmeergebiet hat sich in den Anden von Peru und Bolivien fest etabliert.

Auf den Azoren sind es *Cryptomeria japonica* als Forstgehölz, *Pittosporum tobira* und vor allem *Hedychium gardnerianum*, die gebietsweise dominieren und die heimische Flora verdrängt haben.

Senecio inaequidens trat seit 1889 erstmals in Deutschland auf, eingeschleppt wohl mit Wollimporten. Eine Massenausbreitung setzte erst zu Beginn der 1970er-Jahre ein. Heute hat sich die Art in Renaturierungsgebieten und an den Rändern der Autobahn und Straßen fest etabliert.

4.5.4.1 Speirochorie

> **Übersicht**
> Begriffsbildung: Levina (1957)
> griech. *speiro* = ich säe
> Ausbreitung mithilfe des Menschen, der die Diasporen mit dem Saatgut ausbringt.

Mit dem Ernten und später Ausbringen des Saatguts von Kulturpflanzen haben sich Pflanzenarten gebildet, die sich in Vegetationsdauer, Kulturbedingungen, Form und Größe den Ausbreitungseinheiten der vom Menschen gezüchteten Kulturpflanzen stark angenähert haben. Ein gutes Beispiel bieten die Leinunkräuter, die als Begleitkräuter bei der Kultur von Faser- oder Öllein entstanden sind. Hierzu zählen *Camelina alyssum*, Cuscuta *epilinum*, *Galium spurium* ssp. *spurium*, *Lolium remotum*, Silene *linicola*, *Spergula arvensis* ssp. *linicola* und *Agrostemma githago* var. *linicola*.

Infolge des Rückgangs des Leinanbaus in Mitteleuropa sind diese Leinunkräuter großflächig ausgestorben, da sie nur vom Menschen ausgebreitet wurden.

Enge Bindungen an das vom Menschen gesammelte und ausgebreitete Saatgut kennen wir auch von *Trifolium repens* und *T. pratense*. Bemerkenswert ist, dass sich das Saatgut von *T. pratense* aufgrund der Beisaaten verschiedenen Herkunftsländern zuordnen lässt.

4.5.4.2 Hemerochorie

> **Übersicht**
> Begriffsbildung: Jalas (1955)
> griech. *hemeros* = zahm, kultiviert
> Ausbreitung, bei der die Kultur der Nutzpflanzen durch den Menschen direkt oder indirekt eine Rolle spielt. Dazu gehören das Verwildern von Kulturpflanzen aber auch die Weiterverbreitung von Unkräutern mit ihnen (Wagenitz 2003).

4.5.4.3 Ethelochorie

Übersicht
Begriffsbildung: nach Müller-Schneider (1977)
griech. *ethelo* = ich will, *chorein* = fortbewegen
Form der Ausbreitung, bei der die Ausbreitungseinheiten absichtlich gesteckt oder gesät werden

Hierzu zählen alle vom Menschen gezüchteten und kultivierten Pflanzenarten: Getreidearten, Gemüsepflanzen, Faserpflanzen, Obst- und andere Nutzgehölze. Viele von ihnen sind durch Züchtungen weit von ihrem ursprünglichen Zustand abgeändert. Das betrifft Größe, Geschmack, aber auch gezielte Veränderungen hinsichtlich der Ausbreitungseigenschaften wie das Geschlossenbleiben (Indehiszenz) der Früchte (Mohn, Raps, Lein) oder der Unterdrückung des Zerfalls der Fruchtstandsachsen bei Getreidearten. Die Ausbreitung aller dieser Kulturpflanzen geschieht ausschließlich durch den Menschen, also anthropogen.

4.5.4.4 Diplochorie

Begriffsbildung: Ulbrich (1928) spricht von isokarper Polychorie. Samen und Früchte einer Pflanze können auf verschiedenen Wegen ausgebreitet werden.

Es handelt sich um gleichgestaltete Ausbreitungseinheiten, die mittels verschiedener Agenzien ausgebreitet werden können. Hierzu zählen Beispiele wie *Acer*, *Alnus*, Eriophorum, Populus und *Salix*, deren Ausbreitungseinheiten zunächst anemochor ausgebreitet werden, dann aber auf einer stehenden Wasseroberfläche landen und dank ihrer Schwimmfähigkeit hydrochor-anemochor weiter ausgebreitet werden. Die Schwimmfähigkeit ist oft beträchtlich und beträgt bei *Alnus* mehrere Monate.
Ausbreitungskombinationen sind auch anemochor-epizoochor oder autochor-hydrochor.

4.5.5 Polychorie

Begriffsbildung: Ulbrich (1928)

Zu dieser Gruppe zählen Pflanzen, deren Ausbreitungseinheiten wir im Frucht- oder Teilfruchtbereich in unterschiedlicher Gestaltung bei der Heterokarpie oder

Heteromerikarpie vorfinden. Bei zwei Pflanzenfamilien ist dieses Phänomen besonders deutlich anzutreffen. Bei den Apiaceen ist die Heteromerikarpie häufig. Mehrere Beispiele sind in Abschn. 5.5 aufgeführt.

Auch die Gleichzeitigkeit von vegetativer und generativer Ausbreitung begegnet uns nicht selten. Bei *Dentaria* sind in den Blattachseln Bulbillen und im Fruchtstand Früchte mit Samen vorhanden. *Allium*-Arten verfügen im Fruchtstand mitunter neben Kapseln über Bulbillen, die anstelle von Blüten pseudovivipar entstehen. Bei den Rosaceengenera *Fragaria* und *Potentilla* werden Früchte, aber auch Ausläufer ausgebildet.

Cakile maritima ist im Abschnitt über die Heterokarpie (Abschn. 5.5.2) beschrieben und abgebildet (Abb. 4.23).

Fedia cornucopiae, eine Valerianacee aus dem Mittelmeergebiet, bildet in den obersten Sprossabschnitten sich ablösende Fruchtstandteile, die anemochor am Boden ausgebreitet werden. Etwas tiefer sehen wir Früchte, die in den Blattachseln arretiert sind und die Sernander als eingefasste Früchte bezeichnet. Sie werden mit Sprossabschnitten anemochor verbreitet. Schließlich können wir in oberen Abschnitten des Fruchtstands geflügelte Früchte erkennen. Diese Flügel sind Bildungen der persistierenden Kelche. Eine weitere Diasporenform sind die Schalenfrüchte im Sinne von Ulbrich (1928). Die beiden samenlosen Fruchtfächer werden zu lufterfüllten Hohlräumen. Der Kelch bleibt hier unvergrößert. Diese Diasporen werden anemochor und hydatochor ausgebreitet. Schließlich gibt es noch eine weitere Fruchtform, die am Grund zwischen den Fruchtfächern einen aus protoplasmareichen Zellen bestehendes Elaiosom aufweist und somit einer myrmekochoren Ausbreitung dient.

Mit der Polychorie der Gattung *Bidens* mit endozoochorer, epizoochorer und hydrochorer Ausbreitung hat sich Lhotská (1968) befasst.

Besonders markant sind die Beispiele für Heterokarpie bei den Asteraceen. Besonders auffallend ist das Fehlen oder die besonders deutliche Ausgestaltung eines Pappus oder Flugschirms. Im Abschnitt über die Heterokarpie (Abschn. 5.5.3) sind mehrere Beispiele genannt und abgebildet. Das bekannteste Beispiel ist die Gattung *Calendula*.

4.5.6 Feuer

Bei manchen Pflanzenarten in Australien und Nordamerika spielt Feuer eine wichtige Rolle bei der Ausbreitung. Bisweilen öffnen sich die stark verholzten Früchte oder Zapfen nicht nach der Reife oder bei Austrocknung, sondern es bedarf des Feuers zur Dehiszenz.

Anpassungen an derartige Ausbreitungsweisen kennen wir vor allem bei Myrtaceen, Proteaceen und Coniferen. Hier können die Früchte über mehrere Jahre geschlossen bleiben, ohne dass die Samen ihre Keimfähigkeit einbüßen. Entscheidend für die nachfolgende Ausbreitung ist dann jedoch die Beschaffenheit der Samen. Diese sind oft nach dem Samara-Modus geflügelt. Prägnante Beispiele

Abb. 4.158 *Hakea sericea.*
Frucht

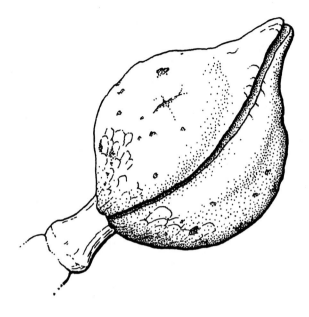

Abb. 4.159 *Xylomelum
pyriforme.* Geöffnete Frucht

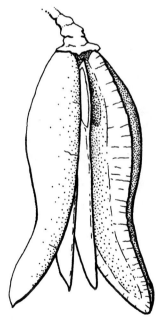

liefert uns die australische Gattung *Hakea*, deren verholzte Kapseln zwei Samen
enthalten (Abb. 4.158). Auch die australische Proteaceengattung *Xylomelum*
wie etwa *X. pyriforme* weist große, stark verholzte, zweisamige Kapseln auf
(Abb. 4.159). *Banksia*-Arten zeigen ebenfalls die Einwirkung von Hitze durch
Feuer auf die Dehiszenz der Früchte.

Abb. 4.160 *Callistemon*
spec. Früchte am Zweig

Unter den Myrtaceen sind es die Gattungen *Callistemon* und *Eucalyptus*. Die rings um die Sprossachse angeordneten, runden, stark verholzten Kapseln bei *Callistemon* enthalten viele winzige Samen, die durch den Wind verbreitet werden (Abb. 4.160). Ganz ähnlich verhalten sich die stark verholzten Kapselfrüchte mancher *Eucalyptus*-Arten.

Die Cupressaceengattung *Callitris* in Australien leitet über zu den Coniferen in Nordamerika. Hier haben wir es hier mit sechs quirlig stehenden Zapfenschuppen zu tun, deren eingeschlossene Samen zwar nach ein oder zwei Jahren ausgereift sind, deren Zapfenöffnung jedoch über Jahre verzögert sein kann (Abb. 4.161).

In Nordamerika sind es verschiedene *Pinus*-Arten, die unterschiedlichen Sektionen der Untergattung (subg.) *Pinus*, Untersektion (subsect.) *Australes (P. clausa),* Untersektion *Contortae (P. banksiana, P. contorta)* und Untersektion *Attenuatae (P. attenuata, P. muricata, P. radiata)* angehören. Alle diese Arten haben geflügelte Samen nach dem Samara-Typ.

Bei *Pinus banksiana* öffnen sich einige der Zapfen nach der Reife, einige bleiben geschlossen und erst bei Temperaturen über 55 °C spreizen die Zapfen-schuppen und entlassen die Samen. Auch bei *P. contorta* werden zum Öffnen der Zapfen Temperaturen von 45–50 °C benötigt. Bei *P. muricata* waren die Samen in den geschlossenen Zapfen noch nach 25 Jahren, bei *P. attenuata* noch nach 40 Jahren keimfähig. Nicht selten werden die geschlossen bleibenden Zapfen

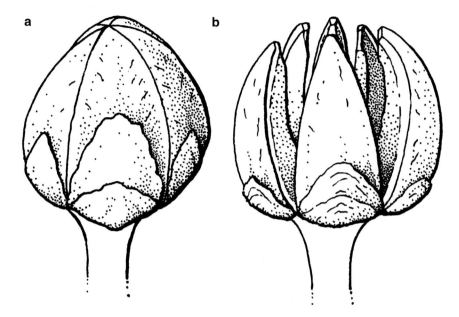

Abb. 4.161 *Callitris* spec. Geschlossener (**a**) und geöffneter (**b**) Zapfen

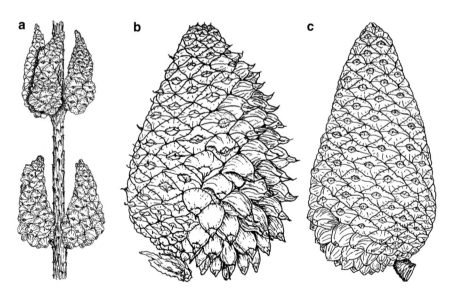

Abb. 4.162 *Pinus*-Arten mit geschlossen bleibenden Zapfen. **a** *P. banksiana*. **b** *P. muricata*. **c** *P. radiata* (Aus Kindel 1995)

durch das Dickenwachstum der Zweige teilweise oder fast ganz in das Holz eingeschlossen (Abb. 4.162).

Nicht unerwähnt bleiben soll in diesem Zusammenhang die Wirkung des Feuers auf die Förderung des Keimverhaltens von im Boden ruhenden Samen australischer *Acacia*-Arten. Bei *Acacia melanoxylon* keimten die Samen noch nach 50 Jahren.

Auch durch Feuer in kalifornischen *Sequoiadendron*-Beständen, die durch Gewitter verursacht werden und die am Erdboden liegenden, abgestorbenen Zweige wie auch Jungwuchs von Gehölzen zerstören, wird die Keimung zu Boden fallender Samen erleichtert oder erst ermöglicht.

Literatur

Ahston PS, Suzuki E (1996) Sepal and nut size ratio of fruit in Asian dipterocarpaceae and the effects of these characteristics on dispersal. J Trop Ecol 12:853–870

Ahston PS, Suzuki E (2009) Sepal and nut size of fruits of asian Dipterocarpaceae and its implications for dispersal. Cambridge

Albrecht H-J (2009) Gehölze als Nahrungsquelle für Vögel. Beitr Gehölzkunde 2009:221–224

Alexandre DY (1978) Le rôle disséminateur des élépjhants en forêt de Taï, Cote -d´Ivoire. La Terre et La Vie 32:47–72

Anderson WR, Gates B (1981) Barnebya, a new genus of Malpighiaceae from Brazil. Brittonia 33(3):275–284

Arago A de (1947) Pescarias fluviais no Brazil. São Paulo

Ascherson P (1889) Einige biologische Eigentümlichkeiten der Pedaliacee. Verh Bot Vereins Prov. Brandenburg 30:II–IV

Ascherson P (1892) Hygrochasie und zwei neue Fälle dieser Erscheinung. Ber Dtsch Bot Ges 10:94–114

Aubreville A (1968) Flore du Gabon; No. 15 Legumineuses/Caesalpinioidées, S 142–151. Paris

Aubréville A (1968) Legumineuses/Caesalpinioidées. Flore du Gabon 15:142–146. und 147–151. Paris

Baillon HE (1868/70) Sur la dissémination des noyaux du Dorstenia contrajerva (1). Adansonia 9:318–319

Bartels E (1964) On Paradoxurus hermaphroditus. Beaufortisa 10:193–201

Barthlott W, Mail M, Bhushan B, Koch K (2017) Plant surfaces: structures and functions for biometric innovations. Nano-Micro Letters 9(23):353–374

Beattie AJ (1983) Distribution of ant-didspersed plants. Sonderbd Naturwiss Ver Hamburg 7:249–270

Beattie AJ (1985) The evoluionary ecology of ant-plant mutualism. University Press, Cambridge

Beattie J (1926) Anatomy of a Teguexin Lizard. Zool Journ Linn Soc 31

Beck G von (1891) Versuch einer neuen Classification der Früchte. Verh K K Zool-Bot Ges Wien, Abh 41:307–312

Becker DA (1968) Stem abscission in the tumbleweed Psoralea. Am Journ Bot 55:753–756

Becker DA (1978) Stem abscission in tumbleweeds of the Chenopodiaceae Kochia. Am Journ Bot 65:375–383

Beebe, W. (1924) Galapagos world's end. G. P Putman´s Sons London

Béguniot A, Traverso GB (1905) Richerche intorno alle „arboricole" della flora Italiana. Studio biogeografico. Nuovo Giorn Bot Ital N 12:495–589

Berg RY (1969) Adaptation and Evolution in Dicentra (Fumariaceae), with special reference to seed, fruit and dispersal mechanism. Nytt Magasin to Botanik 16:49–75

Berg RY (1975) Myrmecochorous plants in Australia and their dispersal by ants. Austr J Bot 23:475–508

Beurton M (1996) Die Früchte und Samen der kubanischen Zanthoxylum-Arten. Willdenowi 26:283–299

Bond WJ, Van Wilgen BW (1996) Fire and plants. Chapman und Hall, London

Borzi A (1911) Ricerche sulla disseminazione della piante per mezzo di sauri. Mem Soc Ital Sci Nat 3:17

Bresinsky A (1963) Bau, Entwicklungsgeschichte und Inhaltsstoffe der Elaiosomen. Studien zur myrmekochoren Verbreitung von Samen und Früchten. Bibl Bot 126

Bringmann G, Rischer H, Schlauer J, Wolf K (2002) The tropical liana *Triphyophyllum peltatum* (Dioncophyllaceae): formation of carnivorous organs is only a facultative prerequisite for shoot elongation. Carnivorous Plant Newsletter 31:44–52

Buckley RC (Hrsg) (1982) Ant-plant interactions in Australia. Dr. W. Junk Publishers, The Hague. S 162

Burkhardt D (1982) Birds, Berries and UV. A note on some consequences of UV vision in birds. Naturwissenschaften 69:153–157

Carlos V-Y et al (1975) Observations on seed dispersal by bats in a Tropical Humid Region in Veracruz, Mexico. Biotrpopica 7(2):73–76

Chaloner WG, Harper JL, Lawton JH (Hrsg) (1992) The evolutionary interaction of animals and plants. Ray Society Publications, S 135

Chase A (1935) Studies in the Gramineae of Brazil. J Wash Acad Sci 25(4):187–193

Corner EJH (1949) The Durian theory or the origin of the modern tree. Ann Bot II 13:367–414

Correll DS (1981) A new species of Ateleia. J Arn Arb 62(2):261–263

Dammer, P (1892) Polygonaceenstudien I. Die Verbreitungsausrüstung. Engl. Bot. Jahrb. 15:260–285

Darwin C (1839) The voyage of a naturalist round the world in H. M. S. Beagle. John Murray London

Dawson EY (1962) The giants of Galapagos. Nat Hist (N. Y.) 71:52–57

Deegan RD (2012) Finessing the fracture energy barrier in ballistic seed dispersal. In: Proceedings of the national academy of science USA, 109:5166–5169

Dingler H (1889) Die Bewegung der pflanzlichen Flugorgane. T. Ackermann München, S 342

Dingler H (1914) Zur ökologischer Bedeutung der Flügel der Dipterocarpen-Früchte. Bot Jahrb 50(suppl.):1–14

Dingler H (1915) Die Flugfähigkeit schwerster geflügelter Dipterocarpus-Früchte. Ber Dtsch Bot Ges 33:348–366

Docters van Leeuwen WM (1934) Endozoische Samenverbreitung durch den Indischen Purpurstar: aplonis panayensis strigatus Horsf. Ber Deutsch Botan Ges LII(6):284–290

Docters van Leeuwen WM (1935) The dispersal of plants by fruit-eating bats. Gardens Bull Straits Settlements IX(1):58–63

Docters van Leeuwen WM (1936) Krakatau. E. J. Brill Leiden

Dorph-Petersen K (1904) Aarsberetning fra Dansk Frokontrol. Kopenhagen

Dumpert K (1972) Das Sozialleben der Ameisen. Pareys Studientexte 18; Berlin

Eggeling WJ (1955) The relationship between crown form and sex in Chlorophora excelsa. Emp For Rev 34:294

Ehrhart F (1790) Botanische Zurechtweisungen. Beitr Naturk 5:42–77

Eisentraut M (1945) Biologie der Flederhunde (Megachiroptera). Biol Gener 18:327–435

Endress PK (1973a) Arillen bei holzigen Ranales und ihre phylogenetische Bedeutung. Verh Schweiz Naturforsch Ges 1973:89–90

Endress PK (1973b) Arils and aril-like structures in woody Ranales. New Phytologist 72:1159–1171

Engler A, Prantl KAE (1896) Die Natürlichen Pflanzenfamilien. W. Engelmann, Leipzig

Farjon A (1984) Pines. E. J. Brill/Dr. W. Backhuys Leiden

Feekes W (1936) De ontwikkedling van de naturlijke vegetatie in de Wieringermeerpolder. Ned Kruidk Arch 46:1–295

Ford HA, Paton DC (1986) The dynamic partnership. Birds and plants in Southern Australia. In: Handbook of the Flora and Fauna of South Australia. Flora & Fauna of S A Handbooks Committee Adelaide

Friedrich WL, Strauch F (1975) Der Arillus der Gattung Musa. Bot Notiser 128:339–349

Gaertner J (1788) De fructibus et seminibus plantarum, Bd. 1. Stuttgart. Reprint Asher 1974. Amsterdam

Galunder R, Patzke E (1989) Über die Verbreitung von Eleocharis austriaca Hayek und Eleocharis mamillata Lindb. f. im Bergischen Land und in den Randgebieten. Flor Rund-briefe 23(1):1–5

Gates RR (1927) A botanist in the Amazon valley. London

Gill AM (1976) Fire and the opening of Banksia ornata F. Muell. Follicles. Austr J Bot 24:329–335

Gill AM, Groves RH, Noble IR (Hrsg) (1981) Fire and the Australian Biota. Australian Academy of Sciences, Canberra

Gleason HA (1925) Dispersal of seeds. J NY Bot Gard XXXVII:222

Gottsberger G (1978) Seed dispersal by fish in the inundated regions of Humait, Amazonia. Biotropica 10:170–183

Goulding M (1980) The fishes and the forest. Berkely

Goulding M (1983) The role of fishes in seed dispersal and plant distribution in Amazonian floodplain ecosystems. Sonderbd Naturwiss Ver 7:271–283

Greenhall AM (1956) The food of some Trinidad fruit bats. J Agric Soc Dept Agric Trinidad Suppl 3–26

Greenhall AM (1965) Sapucaia nut dispersalby greater spear-nosed bats in Trinidad. Caribb J Sci 5:167–171

Gunn CR, Dennis JV (1976) World guide to tropical drift seeds and fruits. New York, Toronto

Guppy HB (1906) Observations of a naturalist in the Pacific. II. Plant dispersal. London

Guppy HB (1917) Plants, seeds, and currents in the West Indies and Azores. Science 47(1225):612–615

Guries RP, Nordheim EV (1984) Flight characteristics and dispersal potential of Maple samarads. Forest Sci 30(2):434–440

Guttenberg H von (1926) Die Bewegungsgewebe. In: Linsbauer K (Hrsg) Handbuch der Pflanzenanatomie. I, 2., Bern

Hamann U (1977) Über Konvergenzen bei embryologischen Merkmalen der Angiospermen. Ber Deutsch Bot Ges 90:369–384

Hartley TG (1979) A revision of the genus Tetractomia (Rutaceae). J Arn Arb 60(1):127–153

Hecker U (1981) Windverbreitung bei Gehölzen. Mitt Deutsch Dendrol Ges 72:73–92

Hecker U (1991) Zur Biologie der Kiefernzapfen. Mitt Dtsch Dendrol Ges 80:73–86

Hegi (1965) Bd. V, 2; 2. Aufl. 1965 Halorrhagaceae S. 897, Abb. 2272d Myriophyllum

Hegi (1966) Bd. VI, 2; 2. Aufl. 1966 S. 92 fig. 60, Adoxa moschatellina

Hegi (1975) Bd. IV, 1, 2. Aufl. 1975 S. 75 ff. Cruciferae: Anastatica, Cakile, Raphanus raphanistrum, Biscutelle laevigata

Hegi G (1981) Illustrierte Flora von Mitteleuropa. Paul Parey, Berlin Bd. I, 2; 3. Aufl. 1981 Hydrocharitaceae S. 181, Abb. 181 Stratiotes

Heintze A (1932) Handbuch der Verbreitungsökologie der Pflanzen. Stockholm

Heintze A (1932–1935): Handbuch der Verbreitungsökologie der Pflanzen. Selbstverlag, Stock-holm

Hochreutiner G (1899) Dissémination des graines par les poissons. Bulletin de Laboratoire de Botan. Générale, 3. Paris

Hölldobler B, Wilson EO (1995) Ameisen. Birkhäuser, Basel

Howe HF (1980) Monkey dispersal and waste of a neotropical fruit. Ecology 61:944–959

Huber J (1910) Mattas e madeiros amazonicas. Bol Mus Goeldi 6:91–225

Hunter MD, Takayuki O, Price PW (Hrsg) (1992) Effects of resource distribution an animal-plant interactions, S 505

Huxley CR, Cutler DF (Hrsg) (1991) Ant-plant interactions. Oxford, S 624

Jacobs W, Renner M (1988) Biologie und Ökologie der Insekten, 2. Aufl. G. Fischer, Stuttgart

Jalas J (1955) Hemerobe und hemerochore Pflanzenarten. Ein terminologischer Reformversuch. Acta Soc Fauna Fl. Fennica 72(1):1–15

Janzen DH (1974) Epiphytic myrmecophytes in Sarawak, Indonesia: mutualism through thefeeding of plants by ants. Biotropica 6:237–259

Keeler KH (1981) Infidelity by Acacia-Ants. Biotropica 13(1):79–80

Kempski E (1906) Über endozoische Samenverbreitung und speziell die Verbreitung durch Tiere auf dem Wege des Darmkanals. Diss. Rostock

Kerner von Marilaun A (1891) Pflanzenleben. 2. Band. Geschichte der Pflanzen. Bibliographisches Institut Leipzig

Kerner von Marilaun A (1898) Pflanzenleben, 2. Aufl. Bibliographisches Institut Leipzig

Kindel K-H (1995) Kiefern in Europa. G. Fischer, Stuttgart

Kipp-Goller A (1939/40) Über Bau und Entwicklung der viviparen Mangrovekeimlinge. Z Botanik 35:1–40

Kirchner O, Loew E, Schroeter C (1904–08a) Lebensgeschichte der Blütenpflanzen Mitteleuropas. Spezielle Ökologie der Blütenpflanzen Deutschlands, Österreichs und der Schweiz. I, 1:1–736. Stuttgart

Kirchner O, Loew E, Schröter C (1904–08b) Lebensgeschichte der Pflanzen Mitteleuropas. Spezielle Ökologie der Blütenpflanzen Deutschlands, Österreichs und der Schweiz. Stuttgart

Kowarik I (2010) Biologische Invasoren. Neophyten und Neozoen in Mitteleuropa, 2. Aufl. Ulmer, S 492

Kral R (1960) A revision of Asimina and Deeringothamnus. Brittonia 12:233–278

Kuhlmann M, Kühn E (1947) A flora do distrito de Ibiti. Publçoes Inst Bot Secr Agric. São Paulo

Kulzer E (1963) Über das Verhalten der Nilflughunde. Die Natur 71:188–195

Levina RE (1957) Cposoby rasproctraneneja plodov i semjan. Materiali k poznaniju fauni i flory SSSR ns 9 Moskau

Lhotská M (1968) Karpologie und Karpobiologie der Tschechoslowakischen Vertreter der Gattung Bidens. Rozpravy Ceskol Ak. R. M., Praha 78

Linnaeus C (1751) Philosophia botanica in qua explicantur fundamenta botanica … Stockholm und Amsterdam. Reprint Lehre: Cramer. 1966

Lobova TA, Geiselman CK, Mori SA (2009) Seed dispersal by bats in the neotropics. Memoirs of the New York Botanical Garden 101. S 471

Lötschert W (1985) Palmen. Botanik. Kultur. Nutzung. Eugen Ulmer, Stuttgart

Lüpnitz D (1993) Die Einwirkung von Fuer auf die natürliche Vegetation Australiens. Der Palmengarten 57(1):40–57

Luther A (1901) Samenbereitung bei Nuphar luteum. Medd Soc Faun et Flor Fenn. Helsingfors

Mabberley DJ (1997) Mabberley's Plant-Book. 3rd. ed., Cambridge

Magin N (1984) Die „Frucht" von Pollichia campestris Aiton (Caryophyllaceae). Bot Jahrb Syst 104(4):455–467

Mannheimer CA, Curtis BA (Hrsg) (2009) Le Roux and Müller's Field Guide to the Trees und Shrubs of Namibia. Macmillan Education Namibia, Windhoek

Martius KFP Von (1840) Flora Brasiliensis, Bd. 11, Teil 1: 10. Plenckia

Mattes H (1982) Die Lebensgemeinschaft von Tannenhäher Nucifraga caryocatactes (L.), und Arve Pinus cembra L., und ihre forstliche Bedeutung in der oberen Gebirgswaldstufe. Eidgenössische Anstalt f. d. Forstliche Veersuchswesen, Birmensdorf, Flück-Wirth, Teufen

Mattfeld J (1920) Über einen Fall endokarper Keimung bei Papaver somniferum L. Verh Bot Vereins Prov Brandenburg 62:1–8

McCook HC (1879) The natural history of the agricultural ant of Texas. A monograph of the habits, architecture, and structure of Pogonomyrmex barbatus. Philadelphia

McVean DN (1955) Ecology af Alnus glutinosa (L.) Gaertn. II. Seed distribution and germination. J Ecol 43(1):61–71

Meeuse ADJ (1958) A possible case of interdependence between a mammal and a Higher Plant. Arch Néerlandaises de Zoologie, Tome XIII,1,Suppl.:314–318

Micheli PA (1728) Nova Plantarum genera iuxta Tournefortii methodum disposita. Florenz

Milton SJ (1982) Phenology of Australian acacias in the S. W. Cape, South Africa, and its implications for Management. Bot J Lin Soc 84:295–327

Mirbel CFB de (1815) Élements de physiologie végétale et de botanique. Paris

Moliner R, Müller P (1938) La dissémination des espèces végétales. Rev Gén Bot 50

Moor M (1940) Verbreitungsbiologische Beobachtungen im Eichen-Hainbuchenwald. Verh d Natfor Ges Basel 51

Müller P (1933) Verbreitungsbiologie der Garigueflora. Beih z Botan Zentralblatt 50, Abt. II.:396–469

Müller P (1936) Über Samenbverbreitung durch den Regen. Ber Schweiz Bot Ges 45:181–190

Müller P (1955) Verbreitungsbiologie der Blütenpflanzen. Veröff Geobot Inst Rübel in Zürich 30 Bern

Müller-Schneider P (1932) Pflanzenverbreitung durch Tiere. Garbe, Basel

Müller-Schneider P (1933) Verbreitungsbiologie der Garigueflora. Beih Bot Centralblatt 50, Abt. II

Müller-Schneider P (1934) Beitrag zur Keimverbreitungsbiologie der Endozoochoren. Ber. Schweiz. Bot. Ges. 43:241–252

Müller-Schneider P (1936) Über Samenverbreitung durch den Regen. Ber Schweiz Bot Ges 45:181–190

Müller-Schneider P (1938) Über endozoochore Samenverbreitung durch Säugetiere. Jahresb Natf Ges Graunbünden 75:85–88

Müller-Schneider P, Lhotská M (1971) Zur Terminologie der Verbreitungsbiologie. Folia Botanica etPhytotaxonomica 6:407-417

Müller-Schneider P (1977) Verbreitungsbiologie (Diasporologie) der Blütenpflanzen. Zürich

Murbeck S (1919) Beiträge zur Biologie der Wüstenpflanzen. Lunds Univ Arskr NF, Lund

Murbeck Sv (1943) Weitere Beobachtungen über Synaptospermie. Luds Univ. Arsskr., N.F. Avd. 2 Bd. 39 Nr. 10.Lund und Leipzig

Necker NJ de (1790) Corollarium ad. Philos. botanicam Linnaei spectans, …. Neuwied und Straßburg. Zitiert nach Wagenitz (2003)

Nees von Esenbeck CG (1821) Handbuch der Botanik, Bd. 2, Nürnberg

Nordhagen R (1932) Über die Einrollung der Fruchtstiele bei der Gattung Cyclamen. Beih. Bot. Zentralblatt Erg.Bd. 49:359–395.

Nordhagen R (1936) Über dorsiventrale und transversale Tangentballisten. Svensk Bot Tidskr 30:443–473

O'Dowd DJ (1982) Pearl bodies as ant food: an ecological role for some leaf emergences of tropical planta. Biotropica 14(1):40–49

Osmaston HA (1965) Pollen and seed dispersal in Chlorophora and Parkia. Commonw Forrestry Rev 44:97–105

Overbeck F (1925) Über den Mechanismus der Samenausschleuderung von Cardamine impatiens. Ber Dtsch Bot Ges 43(9):469–475

Overbeck F (1926) Turgeszenz-Schleudermechanismen zur Verbreitung von Samen und Früchten. Die Naturwissenschaften 14(44):969–976

Overbeck F (1930) Mit welchen Druckkräften arbeitet der Schleudermechanismus der Spritzgurke. Planta 10:1930

Overbeck F (1934) Verbreitungsmittel der Pflanzen. Handwörterbuch d. Natwiss. 2. Aufl. 9 Jena

Peckover WS (1985) Seed dispersal of Amorphophallus Paeoniifolius by Birds of Paradise in Papua New Guinea. Aroideana 8(3):70–71

Phillips EP (1920) Adaptations for the dispersal of fruits and seeds. South African J. Nat. Hist. II (82):240–252

Potonié H (1894) Pseudo-Viviparie an Juncus bufolius L. Biol Centralblatt 14:11–21

Praeger RL (1913) Buoyancy of the seeds of some Britannic Plants. Scient Proc Roy Dublin Soc XIV, 3

Probst R (1949) Wolladventivflora Mitteleuropas. Solothurn

Putnam B (1896) Explosion of Hamamelis capsules. Bot Gaz XXI:170

Pütz N (1994) Vegetative spreading of *Oxalis pes-caprae* (*Oxalidaceae*). Plant Syst Evol 191:57–67

Rauh W, Barthlott W, Ehler N (1975) Morphologie und Funktion der Testa staubförmiger Flugsamen. Bot Jahrb Syst 96:353–374

Reinaud de Fonvert A (1846) Note sur Arceuthobium oxycedri. Ann Sci Nat Ser 3(V):130

Richard L-C (1808) Démonstrations botaniques, ou analyse du fruit considéré en général. Paris. Deutsche Ausgabe von Voigt, F. S.: Analyse der Frucht und des Samenkorns. Leipzig 1811. Zitiert nach Wagenitz (2003)

Rick CM, Bowman RI (1961) Galapagos tomatoes and tortoises. Evolution 15:407–417

Ridley HN (1930) The dispersal of plants throughout the world. Ashford, Kent

Rikli M (1903b) Die Anthropochoren und der Formenkreis des Nasturtium palustre DC. Ber Zürcherischen Bot Ges 8:71–82 (in Ber. Schweiz. Bot. Ges. 13)

Riveros F, Hoffmann A, Avila G, Aljaro ME, Araja S, Hoffmann AE, Montenegro G (1976) Comparative morphological and ecophysiological aspects of two sclerophyllous Chilean shrubs. Flora 165:223–234

Schleiden MJ (1846) Grundzüge der Wissenschaftlichen Botanik nebst einer Methodologischen Einleitung als Anleitung zum Studium der Pflanze. 1.Theil, Leipzig

Schleuss G (1958) Über die Fruchtentwicklung der Gattung Dorstenia, insbesondere über ihren Turgeszenz-Schleudermechanidsmus. Planta 52:276–319

Schlichting HJ (2016) Vorsicht – explodierende Samenkapseln. Spektrum der Wissenschaft 9:74–75. Artikel 1417459

Schneider S (1935) Untersuchungen über den Schleudermechanismus verschiedener Rhoeadales. Diss; Jahrb Wiss Botanik 81. Leipzig

Schoenichen W (1923) Mikroskopische Untersuchungen zur Biologie der Samen und Früchte. Biol Arbeitsh 17. Freiburg i. Br.

Schwantes G (1952) Die Früchtre der Mesembryanthemaceen. Mitt Bot Mus Univ Zürich CXCIII:33–36

Sernander R (1901) Den skandinaviska vegetationens Spridningsbiologie. Berlin

Sernander R (1906) Entwurf einer Monographie der europäischen Myrmekochoren. Kongl Svenska Vetenskapsakad Handl 41(7):1–410

Sernander R (1927) Zur Morphologie und Biologie der Diasporen. Nova Acta Reg Soc Sci Upsaliensis Vol extraord 7:1–104

Shaw DE, Hiller A, Hiller KA (1985) Alocasia macrorrhiza and Birds in Australia. Aroideana 8(3):89–93

Simmonds NW (1959) Experiments on the germination of banana seeds. Trop Agric 36:259

Slingby P, Bond W (1981) Ants – friends of the fynbos. Veld und Flora 67(2):39–45

Smith RB (1966) Hemlock and larch dwarf mistletoe seed dispersal. For Chron 42:395–401

Snow B, Snow D (1988) Birds and Berries. A stdy of an ecological interaction. T und A D Poser Ltd. Calton

Snow DW (1970) Evolutionary aspects of fruit-eating by Birds. Ibis 113:194–202

Speta F (1971) Möglichkeiten der Samenverbreitung bei Cactaceen mit besonderer Berücksichtigung der Myrmekochorie. Kakteen u. a. Sukkulenten 22(10):196–198

Speta F (1972) Entwicklungsgeschichte und Karyologie von Elaiosomen an Samen und Früchten. Naturk Jb Stadt Linz 1972:9–65

Spinner H (1932) Contribution à la géographie et à la biologie du Buis (Buxus sempervirens). Verh Naturf Ges Basel 35:129–147

Standley PC (1922) Trees and shrubs of Mexico. Contrib. U.S.A. Nat. Herb. XXIII

Stapf O (1887) Über die Schleuderfrüchte von Alstroemeria psittacina. Verh d Zool botan Ges Wien, 37

Stebler FG, Schröter C (1889) Die besten Futterpflanzen. 3. Teil Die Alpen-Futterpflanzen. Wyß Bern

Stent SM (1927) An undiscribed Geocarpic Plant from Southern Africa. Bothalia 2:356–359

Stewart A (1911) A botanical survey of the Galapagos Islands. Proceedings of the California Academy of Sciences 4th. Ser. San Francisco

Stopp K (1950a) Karpologische Studien III und IV. Abh Akad Wiss Lit Mainz, mathem.-naturwiss. Kl. 1950 No. 17. S 50

Stopp K (1950b) Karpologische Studien I. u. II. Abh Akad d Wiss u. d. Literatur Mainz, math.-naturwiss. Kl. No. 7

Stopp K (1952) Morphologische und verbreitungsbiologische Untersuchungen über persistierende Blütenkelche. Abh math.-nat. Kl. Akad Wiss Mainz 12:905–971

Stopp K (1956a) Botanische Analyse des Driftgutes vom Mittellauf des Kongoflusses, mit kritischen Bemerkungen über die Bedeutung fluviatiler Hydrochorie. Beitr Biol Pflanzen 32(3):427–449

Stopp K (1956b) Die Samendrift von Entada. Neue Hefte zur Morphologie 2:77–80

Stopp K (1958) Die verbreitunggshemmenden Einrichtungen in der Südafrikanischen Flora. Botan Studien 8:1–103

Stopp K (1971) Über spezielle Verbreitungseinrichtungern anatolischer Galieae. Flora 160:340–351

Stopp K, Seuter F (1968) Das Verhalten von Turdus merula merula L. in Bezug auf Auswahl und Bevorzugung ihres pflanzlichen Fraßgutes. Ein Beitrag über die Voraussetzungen zur Endozoochorie. Beitr Biol Pflanzen 45(2):291–311

Straka H (1959) Zur Ausbreitungs- und Keimungsökologie des Meerkohls. Schr Naturwiss Ver f Schleswig-Holstein XXIX(2):73–82

Svedelius NE (1904) On the life history of Enhalus acoroides. Ann Royal Bot Gard Paradenyia 2:267–297

Sweeney JR (1956) Responses of vegetation to fire.- Univ. Calif Publ Bot 28:143–250

Tomback DF (1977) Foraging strategies of Clark's nutcracker. Living Bird 16:123–161

Tomback DF (1982) Dispersal of whitebark pine seeds by Clark's nutcracker: A mutualism hypothesis. J Ecoöl 51:451–467

Tombak DF (1983) Nutcrackers and pines: coevolution or coadaptation. In: Nitecki MH (Hrsg) Coevolution. University of Chicago Press

Tombak DF (1990) The evolution of bird-dispersed pines. Evol Ecol 4:185–219

Tracey O, Weber A (1986) Tropische Regenwälder Australiens. Gartenpraxis 11/1989:62–66

Troll W (1931a) Beiträge zur Morphologie des Gynaeceums der Hydrocharitaceen. Planta 14:1–18

Troll W (1931b) Botanische Mitteilungen aus den Tropen. II. Zur Morphologie und Biologie von Enhalus acoroides (Linn.f.) Rich. Flora 125:427–456

Troll W (1954) Praktische Einführung in die Pflanzenmorphologie, Erster Teil: Der vegetative Aufbau G. Fischer, Jena

Ulbrich E (1919) Deutsche Myrmekochoren. Theodor Fischer, Leipzig

Ulbrich E (1928) Biologie der Früchte und Samen (Karpobiologie). Springer, Berlin

Ule E (1900) Fledermäuse als Verbreiter von Samen. Ber Dtsch Bot Ges 18:122

Ule E (1901) Ameisengärten im Amazonasgebiet. Engl Bot Jahrb Syst Beibl 68:45–52

Ule E (1902) Ameisengärten im Amazonasgebiet. Bot Jahrb 30:45–52

Ule E (1905) Wechselbeziehungen zwischen Ameisen und Pflanzen. Flora 94:491–497

Ule E (1906) Ameisenpflanzen. Bot Jahrb 37:335–352

Van der Pijl L (1941) Flagelliflory and cauliflory as adaptations to bats in Mucuna and other plants. Ann Bot Gard Buitenz 51:83–93

Van der Pijl L (1955a) Sarcotesta, aril, pulpa and the evolution of the angiosperm fruit, I, II. Proc Ned Acad Wet (C) 58(2,3):154–161,307–312

Van der Pijl L (1955b) Some remarks on myrmecophytes. Phytomorphology 5:190–200

Van der Pijl L (1957) The dispersal of plants by bats. Acta Botanica Neerlandica 6:291–315

Van der Pijl L (1972) Principles of dispersal in higher plants. Berlin

Van der Pijl L (1982) Dispersal in higher plants, 3. Aufl. Springer, Berlin

Vander Wall SB, Balda RP (1977) Coadaptations of the Clark's nutcracker and the pinon pine for efficient seed harvest and dispersal. Ecol Monogr 47:89–111

Vander Wall SB, Balda RP (1981) Ecology and evolution of food-storage Behavior in Conifer-seed-caching-Corvids. Ethology 56(3):217–242

Vogler P (1901a) Über die Verbreitungsmittel der schweizerischen Alpenpflanzen. Flora 89(Ergänzungsband):137

Vogler P (1901b) Über die Verbreitungsmittel der schweizerischen Alpenpflanzen. Flora (Ergänzungsband):1–136, 6

Vries de V (1940) Bijdrage tot de transportbiologie van plantenzaden, naar aanleiding van materiaal uit magen van eenden, afkomstig van Vlieland en Terschelling. Limosa 13

Wagenitz G (2003) Wörterbuch der Botanik, 2. Aufl. Spektrum Akademischer Verlag, Heidelberg

Walter H (1962) Die Vegetation der Erde in ökologischer Betrachtung, Bd. I, S 489 ff. Fischer, Stuttgart

Walter H (1974) Die Vegetation Osteuropas, Nord- und Zentralasiens, S 181–182. Fischer, Stuttgart

Warburg O (1923) Die Pflanzenwelt, Bd. 2, S 332 Bibliographisches Institut Leipzig

Weber A (1975) Beiträge zur Morphologie und Systematik der Klugieae und Loxonieae (Gesneriaceae) I. Botan Jahrb Syst 95:174–207

Weber A (1976a) Beiträge zur Morphologie und Systematik der Klugieae und Loxonieae (Gesneriaceae). Plant Syst Evol 126:287–322

Weber A (1976b) Beiträge zur Morphologie und Systematik der Klugieae und Loxonieae (Gesneriaceae) III. Beitr Biologie d Pflanzen 52:183–205

Weber A (1977) Beiträge zur Morphologie und Systematik der Klugieae und Loxonieae (Gesneriaceae). VI. Morphologie und verwandtschaftliche Beziehungen von Loxonia und Stauranthera. Flora 166:153–175

Weber H (1962) Botanik Wiss. Verlagsanstalt M.B. H., Stuttgart

Weiss FE (1908) The dispersal of fruits and seeds by Ants. The New Phytologist VII(1):23–28

Wettstein R (1935) Handbuch der Systematischen Botanik Franz Deuticke, Wien

Wheeler WM (1902) A new agricultural ant from Texas, with remarks on the known North American species. American Naturalist 36:85–100

Wheeler WM, Bequaert JC (1929) Amazonian myrmecophytes and their ants. Zool Anzeiger (Wasmann-Festband):10–39

Whelan RJ (1986) Seed dispersal in relation to fire. In Murray DR (Hrsg) Seed dispersal. Academic, Sydney

Wicki C (1994) Früchte von Gehölzen – Speisezettel unserer Vögel. Schweiz Beitr z Dendrologie 43:34–38

Willdenow CL (1792) Grundriss der Kräuterkunde zu Vorlesungen entworfen. Haude & Spener Berlin

Winkler H (1939/40) Versuch eines „natürlichen" Systems der Früchte. Zur Einigung und Weiterführung in der Frage des Fruchtsystems. Beitr Biol Pflanzen 26:201–220; 27:92–130, 242–267

Wood CE, Wood RE (1982) The genera of Gentianaceae in the southeastern United States. J Arn Arb 63(4):441–487 (S 484)

Wood CE, Adams P (1976) The genera of Guttiferae (Clusiaceae) in the Southeastern United States. J Arn Arb 57:74–90

Zohary M, Fahn A (1941) Anatomical-carpological observations in some hygrochastic plants of the oriental Flora Jerusalem seriers. Palaestine J. Bot. 2:125–131.

weiterführende Literatur

Zohary M (1937) Die verbreitungsökologischen Verhältnisse der Pflanzen Palästinas I. Beih
    Botan Zentralbl A 56:1–155
Speta F (1975) Die Entwicklung des Endosperms von Melampyrum cristatum umd M.
    bihariense. Linzer Biol Beitr 7:393–402

Kapitel 5
Atelechorie – Ausbreitungshemmung

5.1 Hygrochasie

Übersicht
Begriffsbildung: (Ascherson 1892), (Lhotská 1975)
griech. *hygros* = feucht, *chainein* = klaffen
Straka (1955) will den Terminus nur bei solchen Fällen gelten lassen, wo der hygrochastische Effekt an einer Frucht sich wiederholt vollziehen kann.

Wir verstehen unter Hygrochasie die Öffnungsbewegungen von Früchten oder Fruchtständen durch Benetzung bzw. Durchtränkung mit Wasser, jedoch auch Krümmungsbewegungen von Sprossen wie Fruchtstiele und Fruchtstandsachsen. Hygrochastische Krümmungsbewegungen bewirken nie eine unmittelbare Ausbreitung der Diasporen aus den Behältern, sondern sorgen lediglich für eine günstige Exposition bezüglich Wind oder Regen. Dieses Phänomen begegnet uns besonders in Trockengebieten.

Die betreffenden Organe können floraler oder extrafloraler Natur sein:

- Klappen oder Zähne von Kapseln
- Valven der Schoten
- Kelchzipfel der Lamiaceen
- Involucralblätter bei Asteraceen
- Fruchtstandsachsen bei *Plantago*

Die Bewegungen beruhen auf Quellungsdifferenzen der beiden Seiten des hygroskopischen Organs. Die Diasporen werden mittelbar oder unmittelbar nur bei Regen freigesetzt. In der Regel wird dadurch eine Fernverbreitung unterdrückt.

Den frei werdenden Diasporen fehlen zumeist Ausbreitungseinrichtungen. Bei Asteraceenfrüchten fehlt in der Regel ein Pappus. Hinzu kommt bei vielen frei

U. Hecker, *Ausbreitungsbiologie der Höheren Pflanzen*, https://doi.org/10.1007/978-3-662-67415-4_5

gewordenen Diasporen eine Schleimabsonderung (Myxospermie), sodass die frei gewordenen Diasporen schnell arretiert werden (*Evax*, Fagonia, Plantago).

Bei der Brassicacee *Anastatica hierochuntica* ist der hygrochastische Effekt eine Sprossentkrümmung der im Trockenzustand kugelförmig krümmten Gebilde (Abb. 5.1).

Auch bei *Plantago cretica* sind die reifen, abgestorbenen Pflanzen am Erdboden 1941von kugelförmiger Gestalt. Unter Feuchtigkeit strecken sich die gestielten Infrukteszenzen und ragen aus einem Ring von toten Blattorganen hervor (Zohary und Fahn, Abb. 5.2).

Bei den Asteraceen *Asteriscus* und *Evax* erfolgt eine Bewegung von Hüllenden und Involucralblättern, wodurch die Früchte freigelegt werden.

Bei den Brassicaceen *Alyssum*, Iberis, Lepidium und *Notoceras* wie auch bei der Lamiacee *Prunella vulgaris* erfolgt eine abaxiale Bewegung der Fruchtstiele in eine horizontale Lage Abschn. 4.5.1.2 Bei annuellen *Iberis*-Arten sind die Blütenstiele floral im rechten Winkel abgespreizt, postfloral im eingetrockneten Zustand neigen sie kopfig aufgerichtet dicht aneinander. Bei nachfolgender

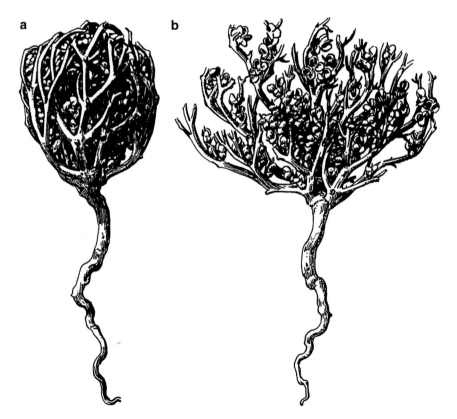

a   **b**

Abb. 5.1 *Anastatica hierochuntica.* Ausgetrocknete (**a**) und durchfeuchtete (**b**) Pflanze. (Aus Hegi 1975, IV, 1, S. 82, Abb. 56)

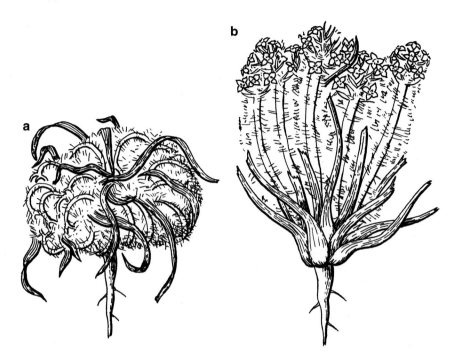

Abb. 5.2 *Plantago cretica.* Trockene (**a**) und befeuchtete bzw. turgeszente (**b**) Pflanze. (Nach Zohary und Fahn 1941)

Benetzung spreizen sich die Fruchtstiele wieder in eine horizontale Lage abwärts (Abb. 4.44). Hierdurch bieten sie Regentropfen eine optimale Position.

Bei der Lamiacee *Salvia viridis* bewegen sich Kelchzipfel und Fruchtstiele abaxial (Abb. 5.3).

Bei der ebenfalls zu den Lamiaceen gehörigen *Ziziphora capitata* schließt sich ein terminaler Hochblattkranz um die Früchte. Mittels hygrochastischer Bewegung spreizen die Früchte und die Hochblätter neigen sich nach unten (Abb. 5.4).

Stopp (1958) analysierte die perenne Scrophulariacee *Aptosimum* conf. *abietinum* (Syn. *A.* conf. *spinescens*) in Südafrika. Bei diesem prostrat wachsenden, mittels stark verholzter Wurzeln arretierten Strauch zeigten selbst abgestorbene ca. 17 Jahre alten Früchte nach hygroskopischer Dehiszenz intakte Samen.

Eine hygroskopische Öffnung der Kapseln erfolgt auch bei der nordamerikanischen *Oenothera acaulis* aus Chile, wie auch bei *O. perennis* und *O. rosea* aus Nordamerika. Bei Letzterer öffnen sich die Früchte nach Benetzung in Sekundenschnelle.

Postflorale Krümmungsbewegungen begegnen uns auch bei der Asteracee *Geigeria acaulis.* Hier erfolgt die hygroskopische Bewegung der Involucralblätter adaxial. Ebenso verhalten sich die Kelchblätter bei *Potentilla fruticosa.*

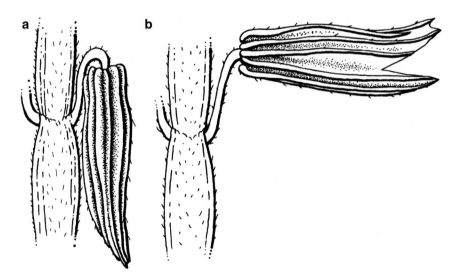

Abb. 5.3 *Salvia viridis.* Fruchtstellung im trockenen (**a**) und feuchten (**b**) Zustand. (Nach Fahn 1947)

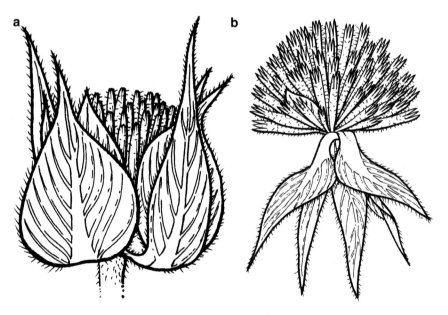

Abb. 5.4 *Ziziphora capitata.* Fruchtendes Köpfchen im trockenen (**a**) und feuchten (**b**) Zustand. (Nach Fahn 1947)

Bei *Ruellia ciliatiflora* (Syn. *R. lorentziana*) bleiben die reifen Früchte bei Trockenheit geschlossen. Bei Regen nehmen die mit einem Pektinpfropf versehenen Fruchtspitzen Wasser auf und es kommt zu einer Dehiszenz der Früchte (Zohsary und Fahn 1941; Abschn. 4.4.2.1 Abb. 4.36).

Bei der Acanthacee *Barleria lichtensteiniana* liegen die mit Infrukteszenzen versehenen Sprosse dem Erdboden auf. Bei Einwirkung von Regen spreizen sich die bei Trockenheit dicht schließenden Hoch- und Tragblätter der Infrukteszenz, sodass die Kapselfrüchte exponiert werden (Stopp 1958).

Hinzu kommt, dass sich die im Trockenzustand den Samen dicht anliegenden Haare und Schuppen durch einen hygroskopischen Effekt abspreizen und am Erdboden arretiert werden. Denselben Effekt zeigen Vertreter der Acanthaceengattungen *Acanthopsis*, Barleria, Blepharis, Crabbea und *Petalidium*, deren gesamte Testaoberfläche mit Haaren und Schuppen ausgestattet ist (Stopp 1958).

Neben den fleischigen Früchten der Gattung *Carpobrotus* sowie den Spaltfrüchten der Gattungen *Apatesia*, Herrea und *Hymenogyne* weisen die Aizoaceen Kapselfrüchte auf. Bei *Herrea* und *Hymenogyne* lösen sich die einzelnen Teilfrüchte nach Benetzung aus der Frucht, ohne dass die Samen selbst frei werden. Beide Gattungen sind nicht antitelechor im engeren Sinne.

Der Bau der Aizoaceenkapseln ist mannigfaltig, komplex und meist sehr kompliziert (Schwantes 1929, 1952; Ihlenfeld 1959a, 1959b). Auf den genauen Feinbau kann hier nicht eingegangen werden. Sie gelten allgemein, was ihre Dehiszenz anbelangt, als Musterbeispiele für Hygrochasie. Hier seien lediglich drei Gattungen genannt. Bei *Carpanthea pomeridiana* werden die Samen aus den hygrochastisch geöffneten Kapseln (Abb. 5.5) nur bis zu 175 cm weit durch die Regentropfen ausgebreitet (Garside und Lockyer 1930). Lockyer (1932) maß

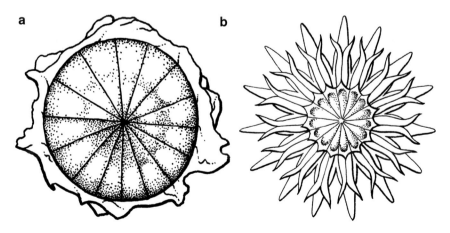

Abb. 5.5 *Carpanthea pomeridiana.* Geschlossene (**a**) und geöffnete (**b**) Frucht. (Nach Straka 1955)

ähnliche Weiten durch Regentropfen von 152 cm bei *Bergeranthus*, meist jedoch unter 1 m, und von 164 cm bei *Dorotheanthus*.

Mesembryanthemum crystallinum ist eine prostrat wachsende Aizoaceenart, bei der die hygrochastischen Effekte der Frucht gut betrachtet werden können.

Zohary (1937) nennt in der Flora von Palästina 41 hygrochastische Arten.

5.2 Synaptospermie

Begriffsbildung: Murbeck (1916, 1920).

Unter Synaptospermie verstehen wir eine enge Koppelung von Samen, ein- oder mehrsamigen Früchten oder Infrukteszenzen. Diese werden zusammen ausgebreitet und keimen meist auch zusammen.

Vielfach erfolgt die Samenkoppelung durch Indehiszenz mehrsamiger Früchte. Das Phänomen finden wir in verschiedenen Verwandtschaftskreisen, vor allem bei Fabaceen, Caryophyllaceen (Paronychieen) Asteraceen und Poaceen. Morphologisch herrscht große Vielfalt, mit der das Prinzip verwirklicht ist.

Beispiele aus mehreren Pflanzenfamilien:

- Asteraceae: *Franseria, Lifago, Xanthium*
- Amaranthaceae: *Beta*
- Brassicaceae: *Bunias, Coluteocarpus, Goldbachia, Tehihatchewia*
- Boraginaceae: *Cerinthe, Cryptantha*
- Caprifoliaceae: *Valerianella hirsutissima*
- Caryophyllaceae: *Acanthophyllum, Paronychia*
- Neuradaceae: *Neurada*
- Onagraceae: *Circaea, Gaura*
- Orobanchaceae: *Bungea*
- Papilionaceae: *Glycyrrhiza, Medicago, Onobrychis, Prosopis, Trifolium, Trigonella*
- Poaceae: *Aegilops, Bouteloua, Cenchrus, Echinaria, Lygeum*
- Polygonaceae: *Rumex*
- Ranunculaceae: *Ceratocephalus*
- Rosaceae: *Agrimonia*
- Zygophyllaceae: *Tribulus*

Synaptospermie treffen wir vor allem in ariden und semiariden Gebieten an. Murbeck (1920) zählte in Nordafrika etwa 140 Arten, in Skandinavien hingegen nur fünf Arten: *Beta vulgaris* ssp. *maritima, Salsola kali*, Circaea *lutetiana, Agrimonia eupatoria* und *Medicago minima*. Zohary (1937) stellte fest, dass von den 2172 Pflanzenarten Palästinas 243 synaptosperm sind, also über 11 %.

Braun-Blanquet (1964) konnte in Brachypodietum ramosii von 89 untersuchten Arten sieben als synaptosperm ausmachen (*Medicago, Hippocrepis, Hedypnois*).

Agrimonia eupatoria besitzt zweisamige Schließfrüchte, die aufgrund ihrer Oberfläche mit zahlreichen Hakenstacheln epizoochor ausgebreitet werden (Abb. 4.127). Ebenso epizoochor ausgebreitet werden die zweisamigen Schließfrüchte von *Circaea lutetiana,* deren Früchte hakig-borstig behaart sind, (Abb. 4.124). Ebenfalls zweisamige Schließfrüchte weist die Brassicacee *Goldbachia torulosa* (Abb. 5.6) auf.

Ein Vorteil der Synaptospermie ist, dass in dem die Samen umgebenden Gewebe die Speicherung von Wasser besser ist als nur in der Testa. Meist können die Diasporen auch besser am Keimort verankert werden. Zohary stellte fest, dass bei einer Windgeschwindigkeit von 8 m/s keine Ortsbewegung der Diasporen bei *Medicago*-Arten, *Onobrychis* und *Ceratocephalus* stattfindet. Von Wichtigkeit ist natürlich auch die Beschaffung der Bodenoberfläche.

Paronychia argentea, eine perenne Caryophyllacee aus dem Mittelmeergebiet, besitzt 8–10 mm große Blütenknäuel. Die unscheinbare Blütenhülle aus fünf Kelchblättern wird von häutigen Tragblättern verdeckt, die in sich die einsamigen Schließfrüchte bergen. Die Blüten- bzw. Fruchtknäuel lösen sich als Ganzes ab.

Entscheidend für die Synaptospermie ist das unterschiedliche Keimungsverhalten der Samen einer Diaspore, das freilich nicht immer verwirklicht wird.

Davidia involucrata aus China bildet Steinfrüchte mit drei bis fünf Samen aus. Diese Schließfrüchte fallen nach der Reife zu Boden. Die Keimung erfolgt erst nach einigen Jahren, wenn die verholzte Fruchtwand degeneriert. Die Samen keimen gleichzeitig, sodass die Jungpflanzen dicht gedrängt beieinanderstehen.

Die Früchte von *Onobrychis crista-galli* sind zweisamig. Der Samen an der Fruchtspitze ist größer als der an der Basis. Quellungsversuche ergaben

- oberer, großer Samen: 80 %
- unterer, kleiner Samen 12 %

Nach Anritzen des unteren Samens erfolgte eine Quellung und Keimung.

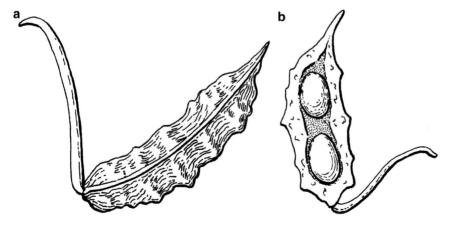

Abb. 5.6 *Goldbachia torulosa.* Zweisamige Schließfrucht. (Nach Murbeck 1943)

Auch bei Samen von *Astragalus* und *Medicago* (Abb. 5.7) erfolgt eine Keimungsverzögerung durch Wasserundurchlässigkeit der Testa. Bei *Medicago minima*, deren Früchte meist vier bis sechs Samen enthalten, keimen normalerweise nur ein bis zwei Samen pro Jahr. Sollte es im September/Oktober infolge reichen und nachhaltigen Niederschlags zu einer anhaltenden Bodenfeuchtigkeit kommen, können auch drei bis vier Samen gleichzeitig keimen. Bei *Hymenocarpos circinnatus*, deren Schließfrüchte zwei Samen enthalten, keimt jeweils nur ein Samen pro Jahr.

Synaptospermie finden wir auch bei den Schließfrüchten der Fabaceen von *Biserrula pelecinus*, *Onobrychis* und *Scorpiurus*.

Beispiele für synaptosperme Fruchtstände sind *Ceratocephalus falcatus* sowie zum Beispiel die annuellen *Trifolium argutum*, *T. echinatum*, *T. globosum* und *Trigonella*-Arten (Abb. 5.8).

Bei den Poaceen finden wir andere Formen der Synaptospermie. Bei manchen *Aegilops*-Arten löst sich an präformierter Stelle nahe der Basis der obere Teil der Ähre ab, wobei an der Basis ein bis vier sterile Ährchen zurückbleiben (Abb. 4.30b). Der abgelöste distale Teil mit zwei bis drei fruchtbaren Ährchen wird als Ganzes verbreitet. Die annuelle, mediterrane *Echinaria capitata* bildet

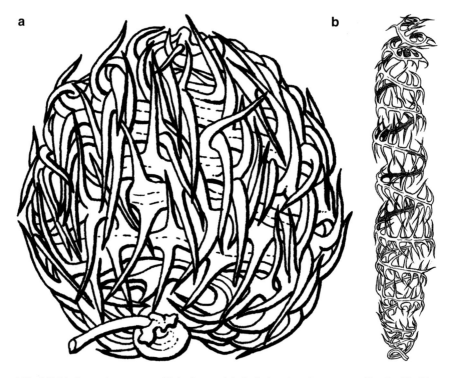

a   b

Abb. 5.7 *Medicago intertexta.* **a** Verbreitungseinheit. **b** Auseinandergezogene Frucht (Nachlass K. Stopp)

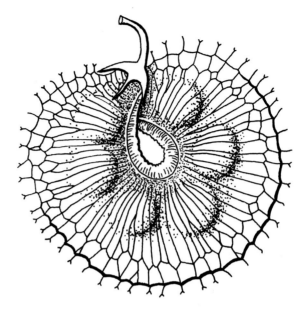

Abb. 5.8 *Trigonella radiata.*
Sechssamige Frucht. (Nach
Murbeck 1943)

durch starre Grannen 5–15 mm große, stachelig bewehrte Köpfchen aus, die als
Ganzes epizoochor verbreitet werden. Bewehrt sind sowohl die Deck- als auch die
Vorspelzen. Die Ährchen sind drei- bis vierblütig.

Das im südlichen Mittelmeergebiet und Nordafrika beheimatete *Lygeum
spartum* bildet als Fruchtstand ein meist zweiblütiges Ährchen aus, das als Ganzes
verbreitet wird.

Bei manchen Asteraceen fällt bei der Reife nur ein Teil der Früchte aus
dem Fruchtstand. Der Rest verbleibt im Involucrum, zum Teil von einzelnen Involucralblättern fest eingeschlossen. Das Köpfchen bricht schließlich als
Ganzes ab. Beispiele sind *Catananche lutea*, Centaurea *iberica* und *Hedypnois
rhagadioloides*. Letztere bildet zwei unterschiedliche Früchte aus. Die inneren
bleiben frei und werden einzeln ausgebreitet. Die äußeren werden von den
Involucralblättern eingeschlossen und verbleiben zunächst an der Pflanze. Später
löst sich das gesamte Köpfchen mit den eingeschlossenen Früchten ab (Abb. 5.9).

Die annuelle, europäische Asteracee *Xanthium strumarium* hat verholzte,
zweifächerige und zweisamige Schließfrüchte als Ausbreitungseinheiten, deren
Involucralblätter dornartig ausgebildet sind. Die beiden Samen bleiben bis zur
Keimung beieinander (Abb. 5.10). Die Diasporen werden epizoochor ausgebreitet.

Der annuelle *Rumex vesicarius* aus dem Mittelmeergebiet und SW-Asien hat
zweifrüchtige Diasporen. Aus der primären Blüte gehen 3,5–5 mm große, grau-
braune Früchte (Nüsse) hervor, aus der sekundären Blüte sind 2,8–4 mm große,
dunkler gefärbte Früchte. Die Ausbreitungseinheiten werden anemochor ausgebreitet. Sie bleiben bis zur Keimung beieinander.

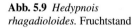

Abb. 5.9 *Hedypnois rhagadioloides*. Fruchtstand

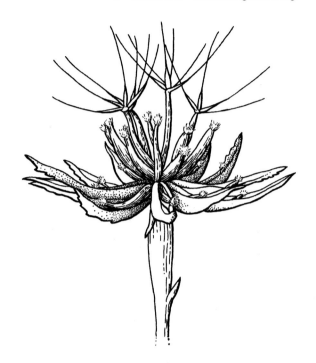

Cerinthe major, eine annuelle Boraginacee aus dem Mittelmeergebiet, weist einen zweiteiligen Fruchtknoten auf, aus denen vier Klausen heranwachsen. Die zwei jeweils benachbarten Klausen wachsen paarweise zu zweifächerigen, miteinander verwachsenen Klausen aus, sodass die Ausbreitungseinheiten zweisamig sind. Daneben tritt jedoch auch fakultativ Heteromerikarpie auf, indem neben den synaptospermen auch einsamige, nicht synaptosperme Klausen gebildet werden (Hilger et al. 1995).

Die in den Tropen und Subtropen weit verbreitete *Tribulus terrestris*, eine annuelle Zygophyllacee, bildet Früchte aus, die zur Reife in fünf indehiszente, mehrsamige Teilfrüchte mit zwei oder mehr Dornen zerfallen. Sie werden epizoochor ausgebreitet (Abb. 5.11, Abschn. 4.5.3.2.5).

Neurada procumbens hat Früchte deren zehn Karpelle miteinander und dem Blütenbecher verwachsen sind. Je Karpell wird ein Samen ausgebildet. Die Ausbreitung erfolgt epizoochor (Abb. 4.132, Abschn. 4.5.3.2.5).

Stopp (1971) beschreibt bei der kleinasiatischen Rubiacee (Tribus Galieae) *Cruciata articulata* einen Bodenroller (Abschn. 4.5.2.6), dessen Verbreitungseinheiten mit zwei Teilfrüchten synaptosperm sind.

Beta vulgaris ssp. *altissima*, die Zuckerrübe, bildet wie die Ausgangspflanze für die Züchtungen, zwittrige Blüten mit einfachem Perianth, die in knäueligen Teilblütenständen zu zwei bis vier einsamigen Nüssen vereinigt sind, indem sie an der Basis miteinander verwachsen sind und sich als Einheit aus der Infrukteszenz lösen. Das früher ausgebrachte Saatgut hatte zur Folge, dass mehrere Keim-

Abb. 5.10 *Xanthium album.*
Zweisamige Schließfrucht.
(Aus Ulbrich 1928)

Abb. 5.11 *Tribulus
terrestris.* Frucht, die in fünf
mehrsamige Teilfrüchte
zerfällt. (Aus Wettstein 1935)

pflanzen beisammenstanden. Die so zu mehreren dicht beieinander keimenden Jungpflanzen mussten verzogen (vereinzelt) werden, was einen hohen Arbeitsaufwand erforderte. Das heute verwendete Monogermsaatgut besteht aus einsamigen, technisch bearbeiteten Früchten, bei denen eine Vereinzelung vorgegeben ist. Daneben gelang es durch Züchtung, genetisch „monokarpe" Saatgutpflanzen zu erzielen.

5.3 Myxospermie

Begriffsbildung: Zohary (1937).

Murbeck (1919) behandelte dieses Phänomen als Erster ohne definierte Begriffsbildung.

Myxosperme Diasporen sind Ausbreitungseinheiten wie Samen und Früchte, die bei Befeuchtung eine äußere Schleimhülle ausbilden. Es handelt sich dabei um mannigfache Strukturtypen hinsichtlich der jeweils schleimproduzierenden Zellen und Gewebe. Schleimsubstanzen sind quellbare Polysaccharide (Grubert 1990).

Das Verschleimen der Diasporen dient in erster Linie der Arretierung am Untergrund und verhindert so eine weitere Ausbreitung.

Bei der Diaspore wird Schleim entweder aus der Testa oder dem Perikarp abgesondert, der dazu führt, dass die Diaspore dem Substrat fest anhaftet. Bei erneuter Befeuchtung erfolgt keine Loslösung.

Murbeck (1920) fand heraus, dass von 900 untersuchten nordafrikanischen Pflanzenarten 332 das Phänomen der Myxospermie zeigten. Bei 100 davon erstreckte sich das Biotop bis in die Sahara hinein. Zohary (1937) folgerte, dass sich das Phänomen der Myxospermie umso mehr zeigt, je arider die Assoziation ist.

Bei folgenden Genera und Arten lässt sich eine Myxospermie beobachten:

- Acanthaceae: *Acanthopsis, Barleria, Blepharis, Crabbea, Crossandra, Petalidium*
- Asteraceae: *Anthemis*, Bidens, Chrysanthemum, Cladrastis, Cotula, Evax, Filago, Matricaria, Senecio
- Brassicaceae: *Aethionema*, Alyssum, Anastatica, Arabis, Lepidium, *Matthiola, Sinapis*, Sisymbrium
- Cistaceae: *Fumana*, Helianthemum
- Cucurbitaceae: *Ecballium*
- Euphorbiaceae: *Euphorbia*
- Juncaceae: *Juncus*, Luzula
- Lamiaceae: *Glechoma*, Hyssopus, Nepeta, Salvia, Thymus
- Linaceae: *Linum*
- Lythraceae: *Lythrum*, Peplis
- Nyctaginaceae: *Boerhavia*, Mirabilis

- Oxalidaceae: *Oxalis*
- Plantaginaceae: *Plantago*
- Polemoniaceae: *Gilia*
- Poaceae: *Crypsis*, Sporobulus
- Podostemaceae: *Apinagia*, Podostemum, Mourera, Rhyncholacis
- Urticaceae: *Urtica*
- Zygophyllaceae: *Fagonia*

Wir können mehrere Formen der Myxospermie unterscheiden:

- Die äußere Zellwand der epidermalen Testazellen bzw. Perikarpzellen sondern Schleim ab.
  - Der Schleim dringt in Form von Fäden aus. Diese bilden einen zusammenhängenden Schleimmantel. Bei vielen Brassicaceen ist dies zu beobachten.
  - Die Schleimfäden bilden keinen zusammenhängenden Mantel. Zu beobachten ist dies bei Cistaceen und einigen Brassicaceen.
- Die gesamte Cuticula des Samens hebt sich als Schleimmantel ab. Ein Beispiel ist *Lepidium*.
- Zellen der äußeren Testa bzw. des Perikarps treten als Schleimfäden oder Schleimsäcke hervor. Beispiele sind *Euphorbia*- und *Plantago*-Arten.
- Schleim tritt durch Spalten aus den bei der Befeuchtung stark anschwellenden Epidermiszellen aus.
- Die Schleimbildung ist subepidermal. Die Epidermis wird dadurch gesprengt. Schleim tritt in Form von Fäden oder Ballen hervor. Dies kommt bei Nyctaginaceen vor.
- Am Perikarp befinden sich verschleimende Haare. Beispiele sind *Filago* und *Senecio*.

Schleimproduzierende Strukturen

- Schleimtrichome der Testa: *Ruellia* (Abb. 5.12; *Barleria*, Hygrophila (Abb. 5.13, 5.14)
- Schleimepidermis der Testa: Brassicaceen, *Ecballium* (Abb. 5.15), *Euphorbia*, Juncus, Nicandra, Linum, *Plantago*, Podostemaceen, Polemoniaceen (Abb. 5.16)
- subepidermale Schichten der Testa: *Helianthemum*
- Schleimpapillen des Perikarps: *Cotula*
- epidermale Schleimzellreihen des Perikarps: *Artemisia*, Matricaria, Salvia *viridis* (Abb. 5.17)
- subepidermale Schleimzellreihen des Anthokarps: Nyctaginaceen
- subepidermale Schleimschichten des Perikarps: *Heleochloa*, Sporobulus
- epidermale Schleimzellen des Perikarps: *Prunella*
- Schleimepidermis des Perikarps: Lamiaceen, *Urtica*

Lhotská (1968) untersuchte Arten des Genus *Bidens* und stellte bei der Testa im Perikarp ein myxospermes Verhalten fest.

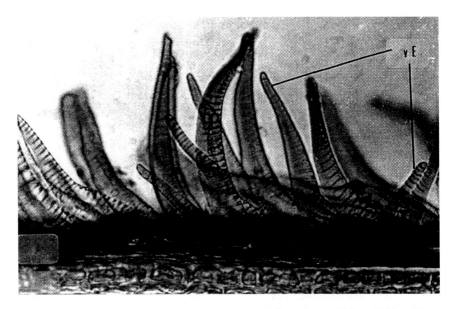

Abb. 5.12 *Ruellia strepens*. Verschleimter Samenquerschnitt. vE, verschleimte Epidermishaare (aus Schriever 1972)

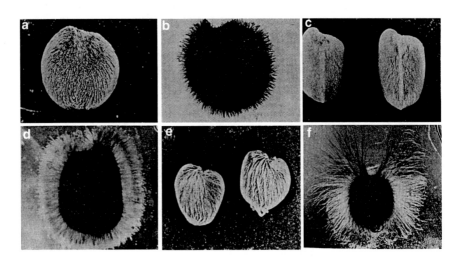

Abb. 5.13 **a**, **c**, **e** Trockene Samen mit angedrückten epidermalen Haaren. **b**, **d**, **f** Durchnässte Samen mit abgespreizten epidermalen Haaren. **a**, **b** *Ruellia strepens*. **c**, **d** *Hygrophila spinosa*. **e**, **f** *Barleria macrostegia*. (Aus Grubert 1974a, 1974b)

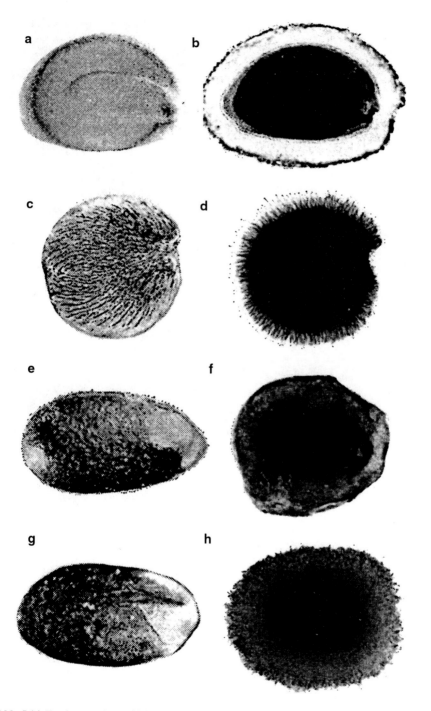

Abb. 5.14 Trockene und verschleimte Diasporen. **a, b** *Iberis pectinata.* **c, d** *Ruellia strepens.* **e, f** *Ecballium elaterium.* **g, h** *Salvia viridis.* (Aus Grubert 1972)

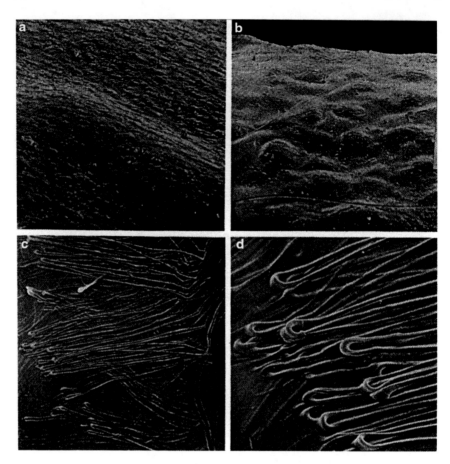

Abb. 5.15 *Ecballium elaterium.* **a, b** Unveränderte Schleimepidermis. **c, d** Eingetrocknete Schleimhülle mit paarweise auftretenden, derben Fibrillen. (Aus Grubert 1980)

Die Quellungszahl, das heißt der Vergleich zwischen der trockenen Verbreitungseinheit und dem Endvolumen, ist bei den infrage kommenden Ausbreitungseinheiten recht unterschiedlich. Ebenso ist der Quellungsfaktor, das heißt der Betrag, um den sich das Anfangsvolumen der trockenen Ausbreitungseinheiten vervielfacht hat, recht ungleich groß. Bei *Linum* und *Plantago psyllium*, zwei bekannten Schleimdrogen, sind die Werte vergleichsweise gering, bei *Salvia viridis* und *Collomia grandiflora* sind sie hoch und schließlich bei *Gilia* und *Matricaria chamomilla* sehr hoch (Grubert 1990).

Sehr ausgeprägt ist die Myxospermie in der Familie Podostemaceae, deren Lebensraum oligotrophe Stromschnellen und Wasserfälle in den Tropen vor allem Südamerikas sind (Grubert 1974–2000). Die Pflanzen sind auf den nackten Felsen angewachsen. Die Blüten werden bei sinkendem Wasserstand angelegt.

Abb. 5.16 *Collomia grandiflora.* Isolierte Schleimzelle der Testa. (Aus Grubert 1972)

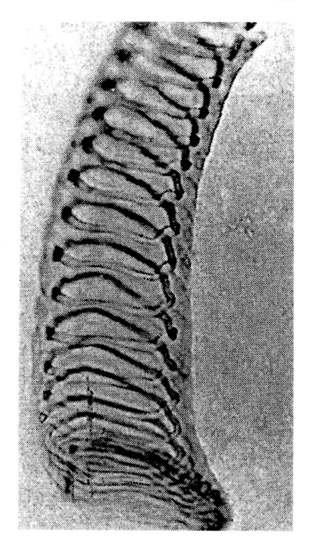

Die Blühdauer beträgt nur einen Tag. Zwischen Blütenbildung und Fruchtreife liegt nur eine kurze Spanne Zeit. Sie beträgt etwa drei Wochen. Die reifen Früchte öffnen sich xerochastisch. Die Samen sind sehr klein, nur bis etwa 400 μm lang. Sie werden anemochor verbreitet und heften sich dann durch Schleimbildung der äußeren Zelllagen des äußeren Integuments durch Pektinschleime unlösbar fest an den Untergrund. Dies geschieht zu einem Zeitpunkt, an dem die Wasserfälle nur wenig oder kein Wasser führen. Während der Trockenphase sind die festhaftenden Samen hohen Temperaturen ausgesetzt. Nach der Keimung bilden sie Hypokotylhaare, mit denen sie dauerhaft und fest mit der Felsunterlage verbunden sind.

Abb. 5.17 *Salvia viridis.*
Verschleimte Epidermiszellen
aus dem Perikarp einer
Teilfrucht. SpB, Spiralbänder.
(Aus Schriever 1972)

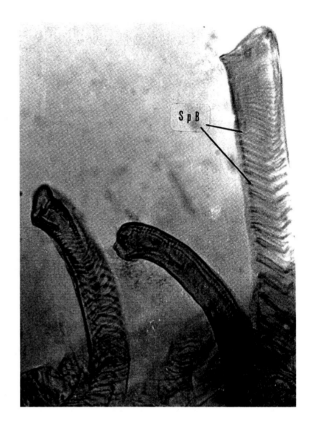

5.4 Wasserkletten

Begriffsbildung: Ulbrich (1928).

Während Klettbildungen bei Landpflanzen wohl meist der Epizoochorie zuzuordnen sind, sind die Gegebenheiten bei Wasserpflanzen eher gegensätzlicher Natur. Sie dienen der Arretierung zumeist am Ort der Bildung.

Die europäische annuelle *Trapa natans* bildet eine Blattrosette, die der Wasseroberfläche aufliegt. Die achselständigen Blüten entwickeln sich zu 4 cm breiten, einsamigen, indehiszenten Früchten. Aus den Kelchblättern gehen starre Dornen hervor. Nach dem Verlust der äußeren Gewebeschichten sind an deren Enden kleine, rückwärts gerichtete Borstenhaken sichtbar (Abb. 5.18). Reife Früchte sinken zu Boden und bleiben dort hängen.

Anders gebaute Kletten bildet die zu den Pedaliaceen gehörige, in ostasiatischen Gewässern heimische, ebenfalls annuelle *Trapella sinensis* aus.

Abb. 5.18 *Trapa natans.*
Frucht. (Nach Wettstein
1935)

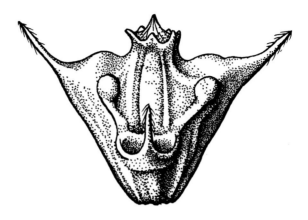

Abb. 5.19 *Trapella sinensis.*
Frucht. (Nach Ulbrich 1928)

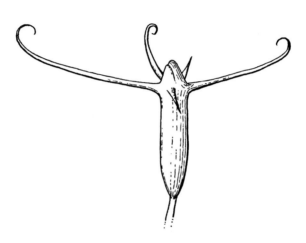

Unterhalb des Kelchs der einsamigen Schließfrucht befinden sich fünf Stacheln, die sich postfloral vergrößern. Zwei von ihnen sind gerade und bis 2 cm lang, drei haben eine Länge bis 7 cm und sind am Ende hakig gebogen. Diese Kletten können auch epizoochor verbreitet werden (Abb. 5.19).

Blyxa echinosperma (Hydrocharitaceae), heimisch in den Tropen der Alten Welt, ist eine submers lebende, annuelle Pflanze. Sie bildet mehrsamige Früchte aus. Die zahlreichen Samen sind 1,5–2 mm lang, weisen eine flachhöckerige Oberfläche auf und tragen an den Enden zwei gegenüberliegende, bis 5 mm lange, mehr oder weniger gerade Fortsätze (Abb. 5.20).

Ceratophyllum demersum, eine perenne, in europäischen Gewässern verbreitete, submerse, wurzellose Wasserpflanze, bildet einsamige, etwa 5 mm große Nüsse aus. Diese tragen zwei seitlich abstehende kleinere und einen zentralen, vom Griffelrest gebildeten, bis 5 mm langen Stachel aus (Abb. 5.21).

Abb. 5.20 *Blyxa echinosperma.* Frucht. (Nach Ulbrich 1928)

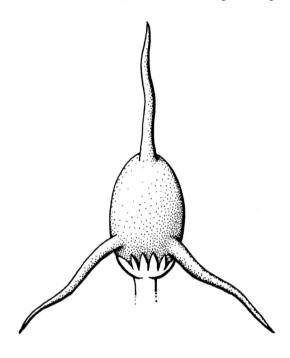

5.5 Heterodiasporie

Übersicht

Begriffsbildung: Müller-Schneider und Lhotská (1972)
   Die Autoren sprechen von Heterodiasporie, wenn eine Pflanze morphologisch verschieden zusammengesetzte Diasporen *(dispersal units)* ausbildet.

Eine Form der Heterodiasporie ist die Heterokarpie – die morphologisch unterschiedliche Ausbildung der Früchte auf einer Pflanze. Sie steht zumindest teilweise im Dienste einer Verbreitungsverzögerung oder gar Verbreitungshemmung. Morphologisch kann unterschieden werden in Heterokarpidie, Heteromerikarpie und Heterokarpie im engeren Sinne. Die unterschiedlichen Fruchtformen werden meist auch unterschiedlich ausgebreitet. Insofern ist eine größere Ausbreitung gegeben.
   Heterokarpie begegnet uns natürlich auch bei der Amphikarpie (Abschn. 5.7 und die dort aufgeführten Beispiele).

Abb. 5.21 *Ceratophyllum demersum.* Frucht. (Nach Hegi 1965a, 1965b, III/3)

5.5.1 Heterokarpidie

Wir verstehen darunter das Phänomen, dass bei einem polykarpen Gynoeceum an einer Frucht unterschiedlich gebaute und verbreitete Karpidien auftreten. Ein zitiertes Beispiel ist *Geum heterocarpum*, bei dem jedoch, anders als bei den meisten *Geum*-Arten wie *Geum urbanum* (Abb. 4.29), das Ende des Karpidiums nicht hakig gebogen, sondern mit kurzen, rückwärts gerichteten Haarborsten versehen ist. Die Bezeichnung „*heterocarpum*" bezieht sich hier also nicht auf eine Frucht, sondern auf die Karpidien innerhalb einer Gattung.

5.5.2 Heteromerikarpie.

Begriffsbildung: Delpino (1894), Huth (1890).

Heteromerikarpie tritt beim coenokarpen Gynoeceum, das heißt mindestens zwei Merikarpien enthaltenen Spaltfrüchten, bei denen die Merikarpien morphologisch unterschiedlich gebaut und verbreitet werden, auf. Heteromerikarpie finden wir vor allem bei Apiaceen, bei denen die Merikarpien einsamige, indehiszente Ausbreitungseinheiten darstellen. Bei *Lisaea heterocarpa*, *Torilis nodosa* (Abb. 5.22), *Turgenia heterocarpa* und einigen *Trachymene*-Arten (Stopp 1950) begegnet uns das Phänomen in eindrucksvoller Weise. Stopp untersuchte die Arten *Trachymene glaucifolia* und *T. pilosa*.

Von Heteromerikarpie sprechen wir jedoch auch bei gleichgestalteten Früchten an einer Pflanze, wenn bei der Reife ein unterschiedliches Verhalten der Fruchtteile zu beobachten ist. Als Beispiel sei die Brassicacee *Cakile maritima*, der Meersenf, genannt, bei der die Frucht in zwei indehiszente Fruchtteile zerfällt: Das basale, valvare Glied verbleibt an der Pflanze, das distale bzw. stylare Glied löst sich ab und kann fernverbreitet werden (Abb. 5.23).

Die Brassicacee *Capsella bursa-pastoris* bildet Schoten aus, die zur Reife dehiszieren. Dabei verbleibt der oberste Same jedes Karpells in der abfallenden Fruchtwand eingeschlossen, während die übrigen einzeln ausgebreitet werden. Somit entstehen zwei Typen von Diasporen: Valven bzw. Merikarpien mit einem apikalen Samen und frei ausgestreute Samen (Teppner 2003).

Noch anders sind die morphologischen Gegebenheiten bei Brassicaceen wie *Sinapis arvensis* und *Hirschfeldia incana*. Bei beiden Arten ist das Stylarglied

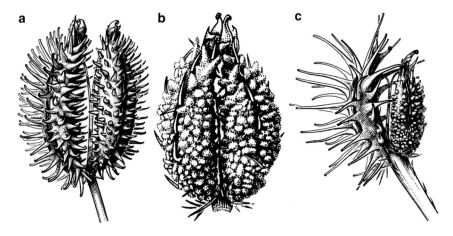

Abb. 5.22 a *Torilis arvensis.* Frucht. **b** *Torilis nodosa.* Zentrale, sitzende Frucht. **c** *Torilis nodosa.* Gestielte, randständige, heteromerikarpe Frucht

Abb. 5.23 *Cakile maritima.*
Frucht. (Nach Hegi 1975,
IV,1, Tafel 125, 31)

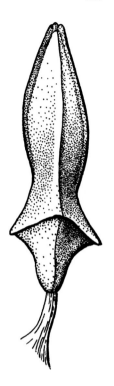

einsamig und indehiszent, während die valvaren Fruchtteile dehiszieren und die Samen entlassen werden. Bei *Chorispora tenella* schließlich verbleibt der untere Fruchtteil an der Pflanze, während der distale Teil in einsamige Segmente zerfällt (Abb. 4.26a).

Die amerikanische Papaveracee *Platystemon californicus* bildet Kapselfrüchte, die nach der Reife im distalen Teil in einsamige, transversale Segmente zerfällt und im basalen Teil zahlreiche freie Samen entlässt.

5.5.3 Heterokarpie im engeren Sinne

Bei der Heterokarpie im engeren Sinne handelt es sich um eine Heteromorphie selbständiger Früchte einer Infrukteszenz.

Kehren wir noch einmal zu den Apiaceen zurück, wo wir eindrucksvolle Beispiele in verschiedenen Gattungen finden. Eine schöne morphologische Reihe bilden Arten der heimischen Gattung *Chaerophyllum*. Sind bei *C. bulbosum* die zentralen Früchte zwar noch kurz gestielt und die Merikarpien trennen sich, so sind sie bei *C. aureum* schon fast sitzend und lösen sich erst viel später als die randlichen Teilfrüchte. Bei *C. temulum* schließlich neigen die Fruchtstiele der randlichen Früchte dicht zusammen, sodass die zentrale, ungestielte Frucht gleichsam eingeschlossen bzw. arretiert ist (Abb. 5.24). Ähnlich verhalten sich *Myrrhoides nodosa* (Abb. 5.25a), *Torilis leptophylla* (Abb. 5.25b) und *Scandix australis* (Abb. 5.26).

Eine weitere Brassicacee, *Aethionema heterocarpum*, bildet an derselben Pflanze mehrsamige, dehiszierende Früchte sowie indehiszente, einsamige und einfächerige Früchte an der Infrukteszenzspitze und an schwachen Seitensprossen Abb. 5.27a). Ähnlich verhält sich *Aethionema carneum* (Abb. 5.27b).

Einsamige Früchte, die sich jedoch in Form und Größe unterscheiden, finden wir bei sehr vielen Asteraceen wie *Calendula arvensis, Hyoseris scabra, Pallenis spinosa,* Dimorphotheca *sinuata* und *Chrysanthemum*-Arten (*C. segetum* und *C. coronarium*). Alle Früchte sind als typische Achänen indehiszent, einige fallen jedoch bei der Reife ab, während andere an der Infrukteszenz verbleiben (können).

Beispiele einiger annueller Asteraceen Bei *Bidens radiata* aus Eurasien sind die äußeren Früchte wesentlich kürzer als die inneren. Beide verfügen über die gleiche Klettvorrichtung.

Koelpinia macrantha, beheimatet vom Iran und Afghanistan bis Zentralasien, verfügt über harte und verholzte, pappuslose, am Rücken und Ende mit haken-artigen Fortsätzen ausgestattete Achänen unterschiedlicher Gestalt und Größe, die epizoochor ausgebreitet werden (Abb. 5.28).

Chardinia orientalis aus Westasien hat randständige, geflügelte, innere mit einem fallschirmartigen Pappus ausgestattete Achänen (Abb. 5.29).

Synedrella nodiflora aus dem tropischen Südamerika bis Florida hat rand-ständige, schmal ovale, geflügelte, ca. 4–5 mm große, stark abgeflachte Achänen, die am Rand unregelmäßig eingeschnitten sind. Sie werden anemochor aus-gebreitet. Die zentralen Achänen hingegen sind ungeflügelt, schmal keilförmig und mit zwei bis drei(vier) pfriemen- oder grannenförmigen Fortsätzen versehen

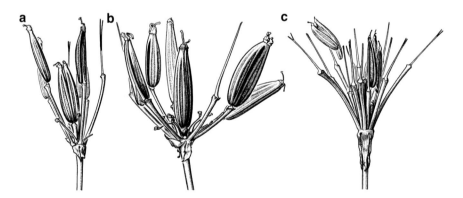

Abb. 5.24 *Chaerophyllum.* **a** *C. bulbosum* (Rheinufer bei Mainz 24. September 1978). **b** *C. aureum.* **c** *C. temulum*

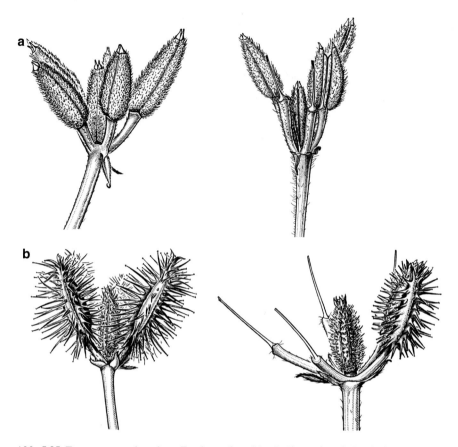

Abb. 5.25 Turgeszente und trockene Fruchtstände. **a** *Myrrhoides nodosa*. **b** *Torilis leptophylla*

und von ähnlicher Größe wie die äußeren und werden epizoochor ausgebreitet (Abb. 5.30).

Picris sinuata aus Nordafrika hat randständige Achänen, die nahezu pappuslos und mehr oder weniger gebogen von den sie umgebenden Involucralblättern eingeschlossen sind. Die zentralen Früchte jedes Köpfchens hingegen sind gerade, lang gesteckt und mit einem gestielten Pappus ausgestattet, dessen Strahlen ein federartiges Aussehen haben (Abb. 5.31).

Bei *Dimorphotheca pluvialis* aus Südafrika gehen die äußeren Achänen aus weiblichen Strahlenblüten hervor, sind ungeflügelt und schwerer als die inneren. Die inneren Achänen bilden sich aus zwittrigen Blüten und haben eine dünnere und geflügelte Fruchtwand.

Erigeron annuus aus Nordamerika hat randständige Achänen, die eine kleine Krone aus Borsten oder Schuppen tragen. Die inneren Achänen tragen acht bis elf mit kleinen Borsten versehene Grannen, die länger als der Fruchtkörper sind (Abb. 5.32).

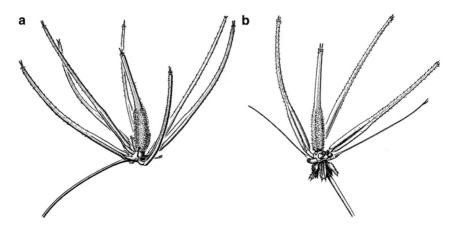

Abb. 5.26 *Scandix australis.* **a** Reife, turgeszente Infrukteszenz. **b** Trockene Infrukteszenz. Die Randfrüchte sind gestielt, dehiszierend, die zentrale Frucht ist sitzend, indehiszent. Bei zwei randständigen Früchten sind die Merikarpien bereits abgefallen.

Helminthotheca echioides hat äußere gekrümmte und innere gerade Achänen. Die äußeren Achänen sind schwerer, haben einen reduzierten Pappus und lösen sich später als die inneren.

Calendula arvensis und andere Arten der Gattung schließlich bilden nicht nur zwei sondern drei oder gar vier unterschiedliche Fruchtformen aus, die in ihrer Gestalt außerordentlich voneinander abweichen können.

Betrachten wir die unterschiedlichen Fruchtformen etwas genauer. Wir können unterscheiden zwischen Flug-, Haken- sowie geflügelten und ungeflügelten Raupenfrüchten. Auch hinsichtlich der Reifungszeit gibt es Unterschiede. Als erste reifen die Raupenfrüchte, dann die Flugfrüchte und zuletzt die Hakenfrüchte, die auch als Letzte mit der Fruchtstandsachse in Verbindung bleiben. Hinsichtlich der Fruchtgröße können wir feststellen, dass sie von außen nach innen abnimmt.

Zur Ausbreitungsbiologie sei schließlich noch angemerkt, dass Flugfrüchte eine telechor-anemochore Ausbreitung ermöglichen, die Hakenfrüchte epizoochor verbreitet werden können und die Raupenfrüchte schließlich atelechor orientiert sind.

Schließlich sei angemerkt, dass das Phänomen der Heterokarpie vorwiegend bei annuellen Arten zu finden ist.

Die Früchte der Amaranthacee *Atriplex hortensis* sind einsamige Schließfrüchte. Sie sind zum einen mit zwei großen Vorblättern ausgestattet und haben stark gewölbte, vertikale, schwarze oder gelbbraune Früchte. Zum anderen ist die Fruchthülle vier- bis fünfzipfelig und birgt flache horizontale oder gelbbraune horizontale oder vertikale Früchte. Auch bei der zentralasiatischen *Atriplex dimorphostegia* ist die aus den beiden Vorblättern gebildete Fruchthülle unterschiedlich gestaltet.

Nachfolgend seien einige Gattungen der Asteraceen aufgeführt, bei denen die Heterokarpie besonders deutlich ausgeprägt ist. Es handelt sich zumeist um einen

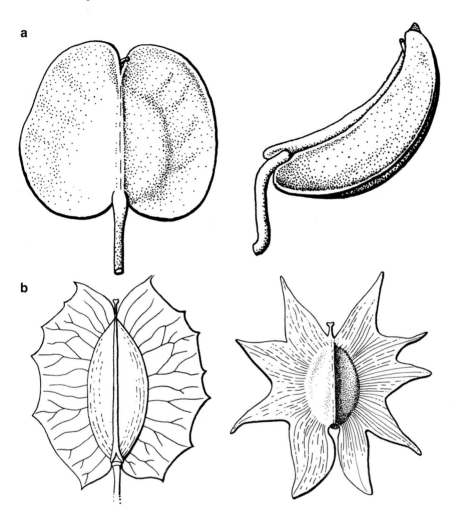

Abb. 5.27 a *Aethionema heterocarpum.* Früchte. **b** *Aethionema carneum.* Dehiszente und indehiszente Frucht, nur ca. 50 % der dehiszenten Früchte groß. (Nach Stopp 1950)

Dimorphismus von Rand- und Scheibenfrüchten, die dann zumeist auch eine unterschiedliche Ausbreitungsbiologie haben.

- Asteraceen: *Achyrachaena, Bidens,* Calendula, Chardinia, Chrysanthemum, Crepis, Dimorphotheca *pluvialis, Erigeron annuus* (Abb. 5.32), *Felicia* (Syn. *Charieis*) *heterophylla,* Hedypnois, Helminthotheca *echioides,* Heteropappus, Heterosperma, Hyoseris *scabra,* Koelpinia *macrantha* (Abb. 5.28), *Pallenis spinosa,* Picris *sinuata* (Abb. 5.31), *Rhagadiolus,* Sanvitalia *procumbens* Lam., *Stenactis annua,* Synedrella *nodiflora* (Abb. 5.30), *Thrincia,* Tripteris, Verbesina, Ximenesia, *Zinnia pauciflora*

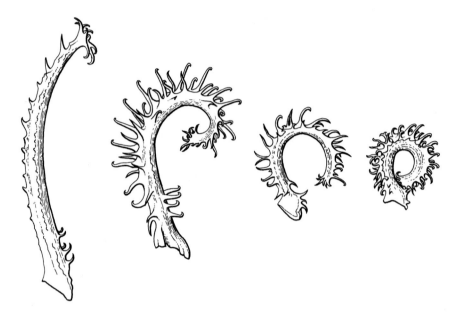

Abb. 5.28 *Koelpinia macrantha.* Unterschiedliche Ausbildung der Achänen (Nachlass K. Stopp)

- Amaranthaceae: *Atriplex hortensis*
- Apiaceae: *Ainsworthia*, Chaerophyllum (Abb. 5.24), *Daucus*, Myrrhoides (Abb. 5.25a), *Scandix* (Abb. 5.26), *Tordylium, Torilis* (Abb. 5.22), *Trachymene*
- Brassicaceae: *Hemicrambe fruticulosa*: Basalglied einsamig, Stylarglied drei- bis viersamig
- Caprifoliaceae: *Valeriana samolifolia* (Syn. *Plectritis congesta*)
- Papaveraceae: *Ceratocapnos heterocarpa* (Abb. 5.33),
- Papilionaceae: *Coursetia heterantha* (Abb. 5.36), *Desmodium heterocarpon*
- Plantaginaceae: *Nanorrhinum acerbianum*

Neben den Form- und Größenunterschieden kann es schließlich auch zu Unterschieden hinsichtlich der Samenzahl einer Frucht, des Abtrennungsgewebes und der Dehiszenz kommen.

Bei der in Palästina heimischen Plantaginacee *Nanorrhinum acerbianum* besteht die Kapselfrucht aus zwei sich unterschiedlich verhaltenden Fruchthälften. Während sich das dorsale Fach mit einer kurzen, hygroskopischen Klappe dehisziert und als erste ihren Samen entleert, bleibt die ventrale Hälfte noch geschlossen. Die zunächst dehiszierende Hälfte enthält um die 20 Samen, die indehiszente im Mittel elf bis 15 Samen.

Ceratocapnos heterocarpa, eine auf der iberischen Halbinsel heimische Papaveracee, weist in einem Fruchtstand unterschiedlich gestaltete Früchte auf. Im basalen Teilende sind es einsamige, gerippte indehiszente Nüsse, im oberen Teil zweisamige, dehiszierende Schoten (Abb. 5.33).

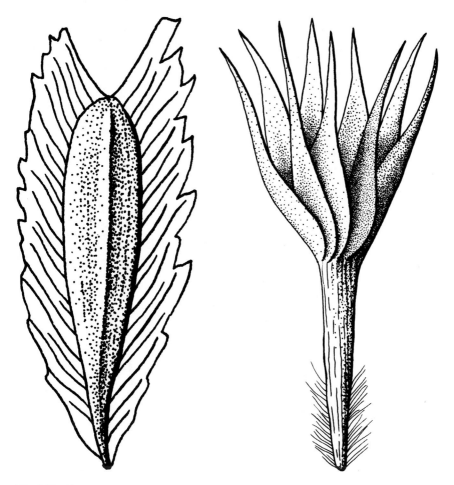

Abb. 5.29 *Chardinia orientalis*. Kleinere Randfrüchte, größere zentrale Frucht (Nachlass K. Stopp)

Die von Europa bis Mittelasien beheimatete Brassicacee *Diptychocarpus strictus* bildet dehiszierende, mehrsamige Schoten mit ringsum geflügelten Samen und indehiszente, einsamige, in Teile zerfallende Schoten mit nahezu ungeflügelten Samen aus (Abb. 5.34).

Ein markantes Beispiel untersuchte Stopp (1964) bei *Sesamum rigidum* (Pedaliaceae). Neben normal dehiszierenden Kapselfrüchten fand er indehiszente, verholzte Schließfrüchte (Abb. 5.35).

Fries (1904) befasste sich mit der argentinischen annuellen Fabacee *Coursetia heterantha* (Syn. *Neocracca kuntzei* var. *minor*). Sie entwickelt chasmogame Blüten in der Achsel der Laubblätter. Ebenfalls in der Achsel der Laubblätter entstehen kleistogame Blüten, die zu drei- bis viersamigen Hülsen auswachsen.

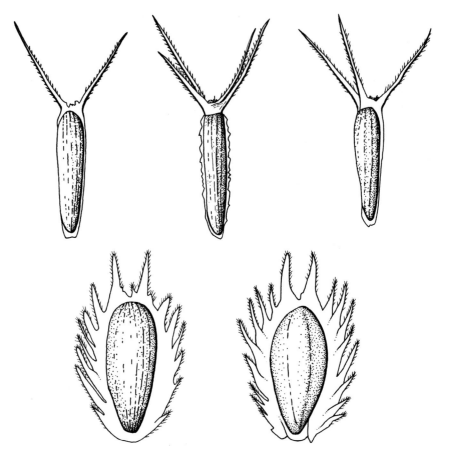

Abb. 5.30 *Synedrella nodiflora*. Obere Reihe: Scheibenfrüchte, untere Reihe: Randfrüchte (Nachlass K. Stopp)

Daneben entstehen bereits in der Achsel der Kotyledonen subterrane Blüten, aus denen indehiszente ein(zwei)samige Schließfrüchte entstehen (Abb. 5.36).

Unterschiedlich gebaut können auch Teilfruchtstandsverbreitungseinheiten bei Gräsern sein. Bei *Aegilops*- und *Avena*-Arten zerfallen die Fruchtstände. Der untere Teil verbleibt an der Pflanze (Steherphänomen), während der obere abfällt und verbreitet wird (Abschn. 4.2.2). Wir sprechen in diesen Fällen von **Heterosynkarpie**. Ähnliche Phänomene lassen sich auch an älteren Getreidearten wie *Secale*-Formen, *Triticum*- und *Hordeum*-Arten beobachten. Durch Züchtungen des Menschen sind Infrukteszenzen wie beim Emmer (*Triticum spelta*) entstanden, die bei der Reife keine zerfallenden Ähren mehr aufweisen und bei denen es zu keinen verbreitungsbiologisch bedingten Ernteverlusten kommt.

Schließlich wollen wir noch einen Blick auf die **Heterospermie** werfen. Sie ist im Pflanzenreich weit seltener als die Heterokarpie im weiteren Sinne. Bei-

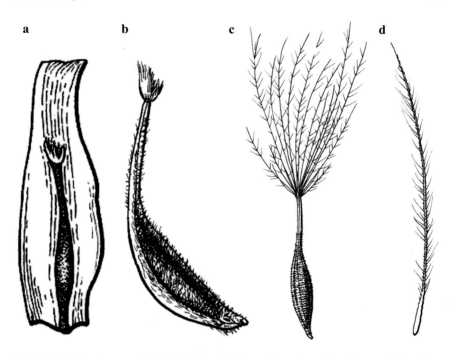

a   b   c   d

Abb. 5.31 *Picris sinuata.* **a, b** Randständige Achänen. **c** Zentralständige Achänen. **d** Einzelnes, plumoses Pappuselement einer zentralständigen Achäne. (Nach Lack 1977)

spiele finden wir bei Caryophyllaceen. So sind die Samen bei *Spergularia media* sowohl ungeflügelt als auch geflügelt (Abb. 5.37). Auch bei der zur selben Familie zugehörigen *Tissa leiosperma* finden wir sowohl einen Dimorphismus von Früchten und von Samen. Stopp (1958) untersuchte *Commelina*-Arten und fand bei *C. benghalensis* Samen unterschiedlicher Größe und Testastruktur in einer Kapsel (Abb. 5.40).

Von besonderem Interesse ist die Heterospermie bei *Tetradium daniellii* (Abb. 4.150), auf die in Abschn. 4.5.3.5.4.3 näher eingegangen wird.

5.6 Basikarpie

Übersicht
Begriffsbildung: Murbeck (1920).
    lat. *basis* = Grundlinie; griech. *carpos* = Frucht; weitere Erläuterungen von Zohary (1937) und Stopp (1958).
    Murbeck S. 41 „... also hinsichtlich der basalen Infloreszenzen ein Beispiel für eine Erscheinung, die ich Basicarpie nennen will ..."

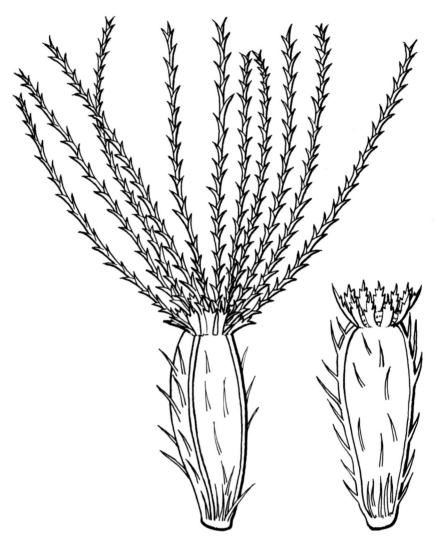

Abb. 5.32 *Erigeron* annuus. Lang: Scheibenfrucht; kurz: Randfrucht. (Nach Hegi 1979, VI/3 S. 95, Abb. 44)

Unter Basikarpie im weitesten Sinne verstehen wir nach Stopp diejenige Erscheinung, bei der die einzelnen Früchte oder aber die gesamten Infrukteszenzen zur Zeit der Samenreife dem Erdboden anliegen oder sich zumindest in dessen unmittelbarer Nähe befinden. Basikarpie ist ein ökologischer Begriff und nicht nur ein Phänomen der Atelechorie. Basikarp sind auch viele Myrmekochoren wie *Galanthus*, Ornithogalum, Romulea, Scilla, Cyclamen *hederifolium* und *Viola odorata*. Durch postflorale, aktive Krümmungsbewegungen oder Spiralisierung der

Abb. 5.33 *Ceratocapnos heterocarpa*. Gerade Früchte: einsamig, indehiszent; hakige Früchte: zweisamig, dehiszent. (Nach Lidén 1986)

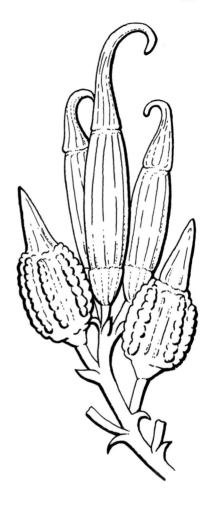

Fruchtachse gelangen die Früchte in Erdbodennähe, das heißt in die Biosphäre der Ameisen (Abschn. 4.5.3.5.7).

Basikarpie im Sinne der Epizoochorie finden wir bei vielen Trampel- bzw. Trittkletten (*tramble burrs*) wie die südafrikanischen Pedaliaceen *Dicerocaryum* und *Harpagophytum* und die von Afrika bis Südasien verbreitete Neuradacee *Neurada procumbens*. Auch *Neuradopsis* aus SW-Afrika ist hier einzuordnen, aber auch die Polygonacee *Emex* und die Zygophyllacee *Tribulus*, die Asteracee *Acanthospermum* und die Amaranthacee *Alternanthera sessilis* bilden solche Trampelkletten aus (Abschn. 4.5.3.2.5).

Eine **partielle Basikarpie** zeigt die argentinische Apiacee *Notiosciadium pampicola*. Die aufrecht wachsende, verzweigte Pflanze bildet entlang ihrer Achsen Früchte, einige befinden jedoch bereits an der Sprossbasis, die dem Erdboden aufliegt. Partielle Basikarpie finden wir bei mehreren Poaceen wie

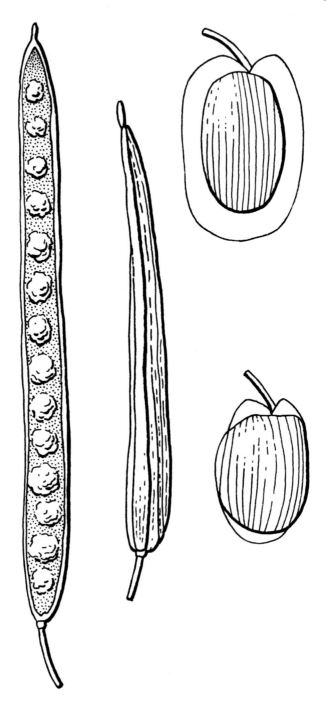

Abb. 5.34 *Diptychocarpus strictus.* Dehiszierende Schote mit geflügelten Samen; die indehiszente Schote zerfällt in einsamige Teile; die Samen sind ungeflügelt (Nachlass K. Stopp)

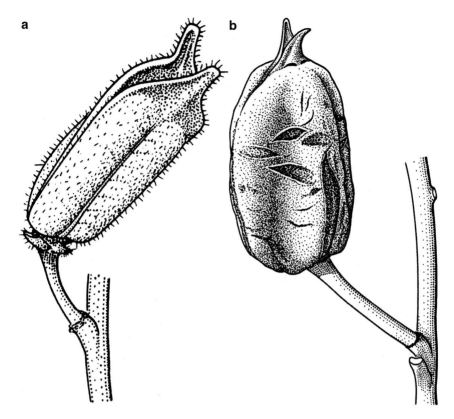

Abb. 5.35 *Sesamum rigidum.* **a** Dehiszierende Frucht. **b** Indehiszente Frucht. (Aus Stopp 1964)

bei *Danthonia decumbens*, die neben chasmogamen Ährchen in den oberen Halmteilen auch bodennahe, kleistogame Ährchen aufweisen, welche infolge von Wurzelkontraktion nahe der Erdoberfläche oder ins Erdreich gelangen. Ebenfalls partiell basikarp sind die Früchte der annuellen *Lathyrus lentiformis* aus Israel.

Basikarpie begegnet uns bei einer Vielzahl unterschiedlicher Pflanzenfamilien. Die häufigste Erscheinung ist mit der Exposition der Blüten und Früchte bei prostratem Wuchs verbunden. So begegnen uns in der mitteleuropäischen Flora Beispiele bei den Polygonaceen wie *Polygonum aviculare*, den Brassicaceen *Lepidium didymum* und *L. squamatum,* der Lythracee *Peplis portula*, aber auch der Ericacee *Vaccinium oxycoccos*. Ein weiteres schönes Beispiel ist die chinesische Asparagacee *Aspidistra elatior*, die zwar lang gestielte Laubblätter aufweist, deren Blüten und Früchte aber unmittelbar der Erdoberfläche aufliegen.

Ein besonderes basikarpes Verhalten zeigt die annuelle, ostmediterrane *Plantago cretica*. Die zunächst aufrechten Infloreszenzstiele krümmen sich in die absterbende Blattrosette, wo sie geborgen bleiben. Bei Benetzung, also aufgrund eines hygrochastischen Mechanismus, richten sich die Fruktifizenzschäfte

Abb. 5.36 *Coursetia heterantha*. Verschiedene aerische Früchte. (Aach Fries 1904)

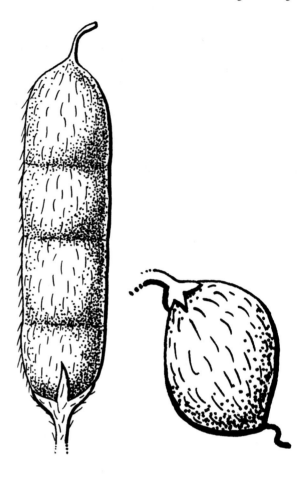

wieder auf, sodass die Dissemination in aufrechter, bodenferner Lage stattfindet (Abb. 5.2).

Nicht alle basikarpen Pflanzen sind als Antitelechoren zu charakterisieren (Stopp 1958). Nur im Fall echter Atelechorie verbleiben die gebildeten Ausbreitungseinheiten am Ort ihrer Bildung und werden nicht ausgebreitet.

Kennzeichnend für **atelechore Basikarpie** ist, dass

- die Loslösung der Ausbreitungseinheit von der Mutterpflanze unterbleibt (Fehlen eines Abbruchgewebes),
- der Samenbehälter häufig indehiszent und verholzt ist,
- häufig Hygrochasie auftritt
- die Sprossachse meist gestaucht bleibt,
- neben Teilen des Sprosses auch der Wurzelhals sowie die oberen Teile der Hauptwurzel in die Verholzung einbezogen sind und dass
- durch die Verholzung ein Abbrechen der fruktifizierten Sprossteile verhindert wird und die Pflanze am Standort bleibt.

Abb. 5.37 *Spergularia media*. Heterospermie. (Nach Salisbury 1958)

Vielfach handelt es sich um Annuelle wie die Vertreter der Gattungen *Aizoon*, Filago, Geigeria, *Plantago* und *Ziziphora*.

Ausprägungen der Basikarpie, die atelechore Funktion haben, können auf verschiedene Art und Weise zustande kommen.

Stauchung der Sprosse

Die Blüten und Früchte werden erdbodennah gebildet. Beispiele sind:

- *Oenothera acaulis* (Onagraceae), Chile
- *Oenothera caespitosa*, Nordamerika
- *Enneapogon*-Arten (Poaceae), Europa, Australien
- *Aptosimum*-Arten (Scrophulariaceae), Afrika
- *Moraea* (Iridaceae), Südafrika

- *Syringodea* (Iridaceae), Südafrika: Alle Achsenteile sind subterran. Nur das oberste Drittel der Karpelle gelangt über den Erdboden. Die unteren Samen in der Kapsel können noch über Jahre darin verbleiben.

Liegen des Sprosses auf dem Erdboden

- *Aizoon canariense* (Aizoaceae), Afrika bis Indien: Hier ist die reich verzweigte Pflanze stark sklerenchymatisiert.
- kriechende Sprosse bei
  - *Bowlesia incana* (Apiaceae), Südamerika
  - *Callitriche turfosa* (Plantaginaceae), Südamerika
  - *Crotalaria pisicarpa* (Fabaceae), Südafrika
  - *Lithachne*-Arten (Poaceae), tropisches Amerika: Die brasilianische Poacee *Lithachne horizontalis* wurde bereits in Abschn. 4.1 über die vegetative Ausbreitung erwähnt. An den orthotropen Halmen entstehen am Ende reich verzweigte, 3–4 cm lange Blütenstände die nur staminate Ährchen enthalten. Die karpellaten Ährchen finden sich nur an den plagiotropen Kriechhalmen. Sie sind nahezu ungestielt einblütig in den Blattachseln. Aus ihnen entstehen etwa 3 mm lange und 2–3 mm breite Karyopsen (Chase 1935, Abb. 4.1b).
  - verschiedene Acanthaceen wie Vertreter der Gattungen *Barleria*, Blepharis und *Crabbea*.
- liegende Seitensprosse: *Aristolochia arborea*, El Salvador
- postflorale, bodenwärts gerichtete Krümmungsbewegungen
  - passive Schwere der Früchte heranreifender Infrukteszenzen: *Scadoxus*-Arten (Amaryllidaceae), tropisches Afrika
  - Verkürzung der Fruchtachsen durch spiraliges Einrollen der Fruchtstiele der ehemals lang aufrecht stehenden Blütenstiele: *Cyclamen hederifolium* (Abb. 4.154)
  - postflorale Krümmung der Frucht- oder Infrukteszenzstiele in abaxialer Richtung, bis die Früchte dem Erdboden aufliegen oder ihm doch genähert sind. In dieser Position erfolgt die Dehiszenz und Dissemination. *Romulea*-Arten (Iridaceae), Mittelmeergebiet *Trifolium chlorotrichum* (Fabaceae), NW-Kleinasien: eine annuelle, 5–10 cm hohe Art, deren Infrukteszenzachsen sich zum Erdboden krümmen *Trifolium uniflorum* (Fabceae), Mittelmeergebiet: Die Früchte dieser armblütigen, in Bodennähe ausgebildeten Stände, krümmen sich einzeln zum Erdboden (Abb. 5.38).

Basikarpie bei Gehölzen

Die Basikarpie kann auf unterschiedliche Weise zustande kommen.

Der Holzkörper befindet sich zum Teil unterirdisch, die Infloreszenzen liegen dem Erdboden auf. Beispiele sind die südafrikanischen Proteaceen *Protea acaulos*, *P. intonsa*, *P. laevis*, *P. piscina*, *P. revoluta*, *P. scabra*, *P. scabriuscula*, *P. scolopendriifolia*, *P. scorzonerifolia* und *P. vogtsiae*. Hierzu zählen auch die mit einem Lignotuber – einer knollenartigen Verdickung an der Sprossbasis –

Abb. 5.38 *Trifolium
uniflorum.* Infloreszenz. (Aus
Zohary und Heller 1984)

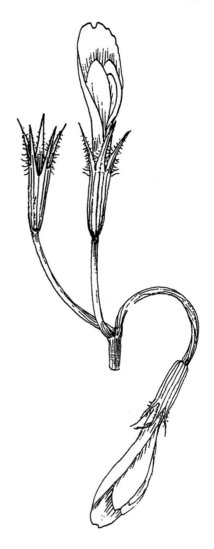

versehenen, westaustralischen Arten der Gattung *Banksia* wie *B. chamaephyton,
B. gardneri, B. goodii* und *B. repens,* aber auch die Arten *B. blechnifolia* und *B.
petiolaris,* bei denen kein Lignotuber ausgebildet wird.

Die mit Infloreszenzen versehenen Zweige sind plagiotrop ausgerichtet oder
dem Erdboden zugeneigt. Beispiele sind:

- *Darwinia virescens* (Myrtaceae), Westaustralien
- *Leptosema daviesioides* (Fabaceae), Westaustralien
- Proteaceae:
  - *Grevillea aneura, G. dryandroides, G. formosa, G. nana, G. obtecta* und *G.
    prostrata,* Australien

- *Leucadendron cadens*, Südafrika
- *Leucospermum prostratum* und *L. spathulatum*, Südafrika
- *Protea cordata*, Südafrika
- *Serruria cygnea*, *S. gracilis*, *S. hyemalis*, *S. incrassata* und *S. pinnata*, Südafrika.

Ein sehr merkwürdiges Verhalten zeigen die Infrukteszenzen der Rubiaceen *Psychotria camptopus* aus Kamerun und *P. densinervia* aus Kamerun und dem Kongo. Beide Arten sind größere Sträucher und bilden Blütenstände in den Blattachseln. Später wachsen die Infloreszenzachsen in bis zu 4 m Länge aus und liegen dem Erdboden auf, wo die Anthese und Fruchtbildung stattfindet (Wettstein 1935, Van der Pijl 1972; Abb. 5.39).

Ebenso ungewöhnlich sind die flagellifloren Infloreszenzen, die von den bis zu 8 m hohen, in Brasilien beheimateten und zu den Annonaceen gehörigen *Duguetia sessilis* gebildet werden. Die Richtung Boden wachsenden Infloreszenzen können eine Länge von bis zu 3 m erreichen und sich erdnah verzweigen. Die Infloreszenzen wachsen in den Erdboden hinein und bilden Früchte aus (Eichler 1935).

5.7 Amphikarpie

Übersicht
Begriffsbildung: Treviranus (1863).
  Bereits Pona (1617) spricht von einer Pflanze *(Vicia?)* die wegen ihrer ober- und unterirdischen Früchte die Bezeichnung „*amphicarpa*" verdiene.
  griech. *amphis* = verschieden, beidseits, ringsum, um etwas herum; *carpos* = Frucht.

Unter Amphikarpie verstehen wir die Bildung verschiedenartiger Früchte, nämlich dehiszierender aerischer und indehiszenter subterraner an derselben Pflanze. Meist entwickeln sich die subterranen Früchte aus subterran angelegten, kleistogamen Blüten. Im Unterschied zur Geokarpie ist Amphikarpie wesentlich labiler (Stopp 1958). Das Phänomen begegnet uns zwar in verschiedenen Verwandtschaftskreisen, ist jedoch vergleichsweise selten anzutreffen. Die Früchte unterscheiden sich nicht nur durch ihre Lage und Dehiszenz, sondern auch durch ihre Form, Größe und die Anzahl der enthaltenen Samen.

Mit der Amphikarpie ist in der überwiegenden Mehrzahl der Arten eine Heterokarpie verknüpft (Zohary 1937). Diese kann, wie uns das Beispiel *Amphicarpaea* zeigt, beträchtlich sein. Im einfachsten Fall zeigt sich das in der Indehiszenz subterraner Früchte. Unterirdische Früchte sind wenigsamiger, wobei gleichzeitig die Samen größer sind.

Abb. 5.39 *Psychotria camptopus*. Pflanze mit langen Infloreszenzachsen. (Aus Wettstein 1935)

Ebenso lassen sich gleitende Übergänge von einer partiellen Basikarpie zur Amphikarpie zeigen. Beispiele dafür sind *Enneapogon* und *Emex*, die von Murbeck und Zohary den Amphikarpen zugeordnet werden, da die basalen Früchte im Erdreich geborgen sein können.

Wir können verschiedene Formen der Amphikarpie unterscheiden.

Episodisch amphikarp können auch mitteleuropäische Pflanzen sein. So bildet *Oxalis acetosella* bisweilen neben normalen auch kleistogame Blüten aus, die zu subterranen Früchten heranwachsen. Ein ähnliches Verhalten kennen wir von *Lycopus europaeus*, Viola *hirta* und *V. odorata*. Es sind perenne Pflanzen

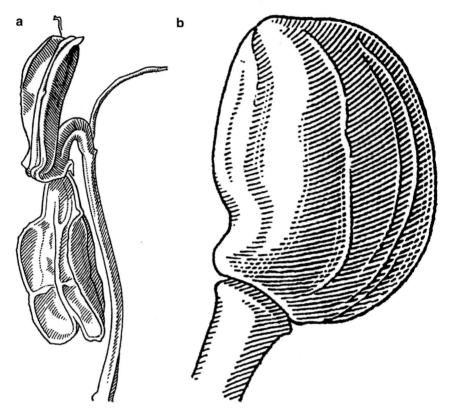

Abb. 5.40 *Commelina benghalensis.* Aerische (**a**) und terrestrische (**b**) Frucht. (Aus Stopp 1958)

von feuchten bzw. wechselfeuchten Standorten. Weitere episodisch amphikarpe Pflanzen sind die annuelle Art *Lathyrus saxatilis* aus dem Mittelmeergebiet sowie *Commelina benghalensis* aus den Tropen der Alten Welt. Bei *C. benghalensis* weisen die aerischen Früchte drei Karpelle auf, von denen zwei dehiszieren und die Samen entlassen, während im dritten Karpell ein Same von den Perikarpteilen umschlossen bleibt und später mit den benachbarten Fruchtblättern abfällt. Dieser Same ist etwa doppelt so groß wie die vier ausgestreuten Samen. Es herrscht hier also Heterospermie (Abschn. 5.5.3). Die geokarpen Früchte entwickeln sich an Sprossen, die aus Seitenzweigen aus der Achsel der Primärblätter entstehen, schräg nach unten wachsen und in das Erdreich eindringen. In diesen Früchten sind zwar ursprünglich auch fünf Samenanlagen vorhanden, von denen jedoch nur eine zu einem keimfähigen Samen auswächst (Stopp 1958; Abb. 5.40).

Die Amphikarpie bei den episodischen Arten ist abhängig von der Stärke des Individuums und vom Standort.

Von **fakultativer Amphikarpie** sprechen wir, wenn an Formen, Varietäten oder Unterarten einer Spezies, die ansonsten normal oberirdisch stehende Blüten ausbildet, Blüten auftreten, die subterran reifen und verbleiben. Hier begegnen uns vor allem Vertreter der Leguminosen. *Vicia sativa* ssp. *amphicarpa* ist in Südeuropa, dem Mittelmeergebiet und von Kleinasien bis zum Iran beheimatet. Ihre aerischen Früchte sind 2,5–5,5 cm lange, meist sechssamige, dehiszierende Hülsen. Die subterranen Früchte sind hingegen nur 10–15 mm groß und ein- bis zwei(vier)samig (Abb. 5.41, 5.42).

Ein weiteres Beispiel ist *Pisum fulvum* var. *amphicarpum* aus Palästina.

Obligatorisch amphikarpe Pflanzen bilden ausschließlich sowohl aerische als auch subterrane Früchte aus. Es sind meist annuelle Arten. Bei *Lathyrus amphicarpos* aus dem Mittelmeergebiet unterscheiden sich die aerischen und subterranen Früchte nur wenig, auch hinsichtlich ihrer Samenzahl (Abb. 5.43). Bei *Amphicarpaea edgeworthii* var. *japonica*, eine Leguminose aus Ostasien, sind die aerischen Früchte zwei- bis dreisamig und 18 mm lang, während die 8 mm langen rundlich-nierenförmigen, subterranen Früchte nur einen Samen enthalten (Abb. 5.44). Amphikarpie, verbunden mit Kleistogamie, ist auch von *Vigna umbellata* (Syn. *Phaseolus calcaratus*) aus Indien bekannt.

Cardamine chenopodiifolia ist eine Brassicacee aus Südamerika. Bei ihr sind die Unterschiede von aerischen und subterranen Früchten besonders augenscheinlich (Abb. 5.45). Während die kurz gestielten, aerischen 2 cm langen Hülsen sechs bis sieben 2,5 mm große Samen enthalten, sind die subterranen, ovalen Hülsen kaum 10 mm groß, lang gestielt und die zwei bis vier Samen sind 4,5 mm groß. Nur die gestaucht bleibende Fruktifizenz des Primärsprosses bildet subterrane Früchte aus, während die aerischen Früchte durchweg von seitlichen Fruchtständen stammen (Troll 1951). Auch die annuelle Poacee *Amphicarpum*

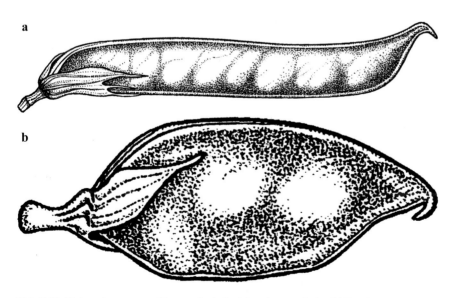

Abb. 5.41 *Vicia sativa* ssp. *amphicarpa*. Aerische (**a**) und terrestrische (**b**) Frucht

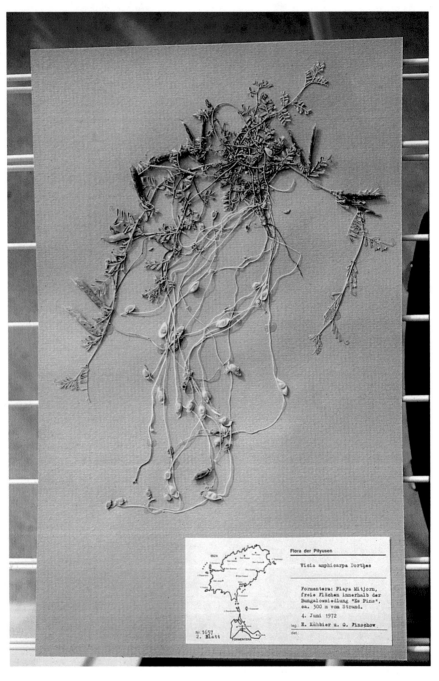

Abb. 5.42 *Vicia sativa* ssp. *amphicarpa.* Exsikkat: H. Kuhbier und G. Finchow, Formentera, 4. Juni 1972

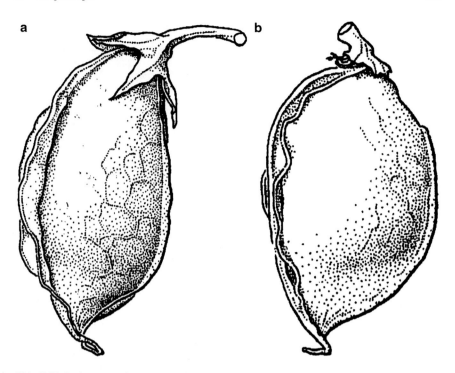

Abb. 5.43 *Lathyrus amphicarpos.* Aerische (**a**) und terrestrische (**b**) Frucht

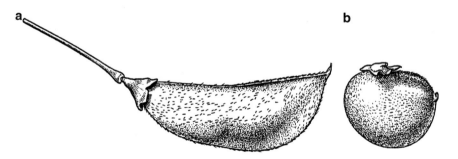

Abb. 5.44 *Amphicarpaea edgeworthii* var. *japonica.* Aerische (**a**) und terrestrische (**b**) Frucht

amphicarpon aus dem südöstlichen Nordamerika bildet neben verzweigten, oberirdischen Infloreszenzen unverzweigte, subterrane, lang gestielte, Ährchen mit je einer kleistogamen Blüte aus. Weitere amphikarpe Poaceen sind *Helictotrichon scabrivalve* (Syn. *Amphibromus scabrivalvis*) aus Bolivien bis Südbrasilien und *Stipa brachychaeta* aus Argentinien.

Enneapogon brachystachyus aus Südafrika bildet neben normalen aerischen Ährchen an der Halmbasis ein bis vier basale kleistogame Ährchen aus. Die aus

Abb. 5.45 *Cardamine chenopodiifolia.* Aerische (**a**) und terrestrische (**b**) Frucht

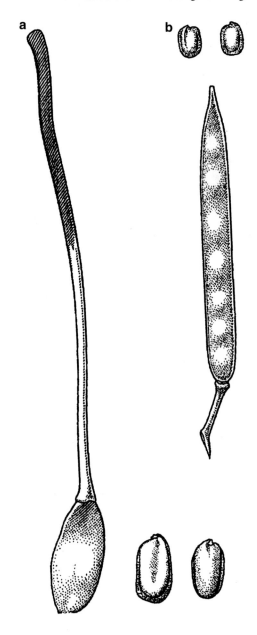

Letzteren hervorgehenden Ährchen bleiben, umgeben von den Blattscheiden, an der Pflanze. Die Caryopsen sind wesentlich größer als die aerischen Caryopsen, deren flaumige Hüllspelzen eine anemochore Ausbreitung ermöglichen. Die abgestorbenen Pflanzen bleiben im Erdboden verankert. Später keimen oft

mehrere der basalen Caryopsen, die mitunter das 30-fache Volumen der aerischen Caryopsen aufweisen, unmittelbar an der alten Pflanze (Abb. 5.46).

Bei der Amaryllidacee *Sternbergia colchiciflora* wurden kleistogame, in der Zwiebel eingeschlossene Blüten festgestellt, die sich zu normalen Früchten mit Samen entwickelten. Auch bei *Phaseolus*-Arten herrschen bestimmte Gesetzmäßigkeiten (Stopp 1954). Meist ist es der Unterbau der Pflanze, der die unterirdischen Früchte erzeugt. Schon Kotyledonarsprosse können subterrane Infloreszenzen bzw. Blüten hervorbringen, wie bei *Amphicarpaea, Scrophularia arguta, Coursetia heterantha* (Syn. *Neocracca kuntzei*) aus Bolivien (Fries 1904; Stopp 1954).

Bei *Macroptilium panduratum* (Syn. *Phaseolus geophilus*) handelt es sich um eine perenne Pflanze aus Argentinien, die sowohl aerische als auch subterrane Infloreszenzen aufweist.

Einen besonderen Fall von Hetero- und Basikarpie zeigt uns die aus Chile stammende annuelle Boraginacee *Cryptantha gayi*. An den orthotropen Sprossen werden Klausen ausgebildet, die bis zur Reife von einem Kelch umgeben sind. Diese Klausen sind von zweierlei Größe und Gewicht. Die Kleineren wiegen 0,25 mg, die Größeren 0,55 mg. Aber auch die subterranen Klausen, die von einem geschlossen bleibenden, verholzten Kelch umgeben bleiben, sind heterokarp. Die Kleinen wiegen 3,3 mg, die großen 6,5 mg. (Abb. 5.47).

Hinsichtlich der Blütenbildung können wir vier Typen unterscheiden.

Beim ***Vicia*-Typ** entstehen die Blüten subterran an unterirdisch verlaufenden Sprossen. Hierzu gehören die Vertreter der Gattungen *Amphicarpum, Lathyrus, Pisum, Polygala* und *Vicia*.

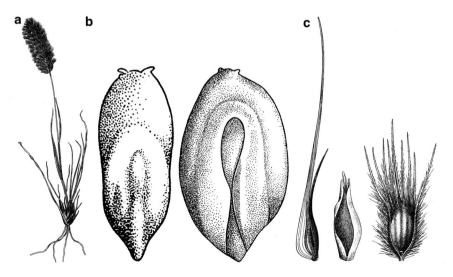

Abb. 5.46 *Enneapogon brachystachyus.* **a** Pflanze. **b** Aerische und basale Caryopsen. **c** Basale und aerische Ährchen. (Aus Stopp 1958)

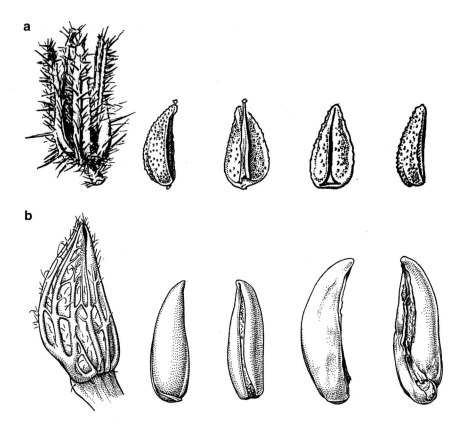

Abb. 5.47 *Cryptantha gayi.* Aerische (**a**) und terrestrische (**b**) Frucht

Beim ***Scrophularia*-Typ** entstehen die blütentragenden Sprosse oberirdisch und dringen dann mittels Krümmungsbewegungen und Wachstum in den Erdboden ein. Die Blüten sind zwar kleistogam, aber gut ausgebildet. Hierzu zählen *Trifolium polymorphum*, *Scrophularia arguta* aus Nordafrika bis Arabien und *Cardamine chenopodiifolia*. Bei dem perennen *Trifolium polymorphum* sind die aerischen Früchte ellipsoid, 3–5 mm lang und enthalten zwei bis vier(sechs) 1,5 mm große Samen (Abb. 5.48). Die subterranen Früchte sind etwa 5–7 mm groß, fast kugelförmig und enthalten zwei bis drei etwa 2 mm große Samen.

Beim ***Catananche*-Typ** besteht der subterrane Spross aus einem oder mehreren Köpfchen, die aus subterran angelegten Knospen entspringen und die, durch unterdrücktes Wachstum der Blütenstandsachse, subterran bleiben. Bei diesem Typ sind die Blüten chasmogam. Beispiele sind die annuellen Asteraceen *Catananche lutea* aus dem Mittelmeergebiet (Abb. 5.49) und *Gymnarrhena micrantha* aus Nordafrika bis Iran. Bei *Gymnarrhena* bildet die Endinfloreszenz subterrane Früchte (Stopp 1954).

Abb. 5.48 *Trifolium polymorphum*. Pflanze. (Aus Zohary und Heller 1984)

Die Bambusee *Eremitis parviflora* aus Ostbrasilien bildet etwa 10 cm unter der Erdoberfläche subterrane Infloreszenzen von bis zu 1,25 cm Länge (Soderstrom und Calderon 1974).

Beim ***Emex*-Typ** schließlich entstehen die Früchte an einem Sprossabschnitt, der sich anfangs oberhalb der Erdoberfläche befindet und erst nachträglich durch Wurzelkontraktion in den Erdboden gelangt. Beispiel ist die Polygonaceae *Emex spinosa* aus Europa und Nordafrika.

Abb. 5.49 *Catananche lutea.* **a** Pflanze mit aerischen und terrestrischen Früchten. **b** Terrestrische Früchte (Nachlass K. Stopp)

5.8 Geokarpie

Begriffsbildung: L. C. Treviranus (1863).

Wenn alle Früchte einer Pflanze subterran zur Reife gelangen und dort keimen, sprechen wir von Geokarpie. Die Früchte können sowohl aus chasmogamen als auch von kleistogamen und sowohl aus oberirdisch als auch aus unterirdisch angelegten Blüten entstehen.

Die Zahl der Familien mit geokarpen Vertretern ist geringer als die mit amphikarpen. Oft sind es monotypische, bisweilen recht isoliert stehende Genera.

Beispiele aus verschiedenen Verwandtschaftskreisen: a = annuell; p = perenn

- Marsileaceae:
  - *Marsilea nubica* (p), Madagaskar
  - *M. subterranea* (p), Senegal (Abb. 5.50): Die Sporangien sind in Sporokarpien geborgen, die nach Troll Einzelfiedern gleichzusetzen sind.

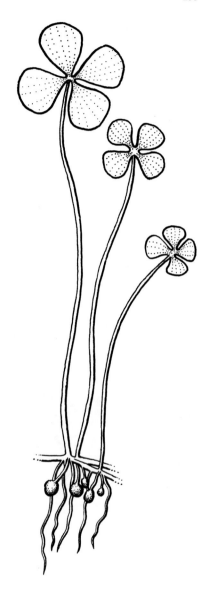

Abb. 5.50 *Marsilea subterranea*. Pflanze. (Nach Stopp 1958)

- Isoetaceae: *Isoetes stellenbossiensis* (p), Südafrika: Die Sporangien öffnen sich aktiv nach Benetzung durch Quellung der inneren Membranschichten; Vorkommen in ephemeren Tümpeln.
- Nyctyaginaceae: *Okenia hypogaea*, Mexiko
- Balanophoraceae: *Ombrophytum subterraneum* (Syn. *Juelia subterranea*) (p), Bolivien, Ecuador, Peru: lebt zeitlebens völlig unter der Erde

- Salicaceae: *Oncoba* (Syn. *Paraphyadanthe*) *flagelliflora* (p), Gabun, Zentralafrika
- Brassicaceae:
  - *Geococcus pusillus* (a), Australien
  - *Morisia monanthos* (p), Sardinien, Korsika (Abb. 5.51)
- Fabaceae:
  - *Arachis hypogaea* (a), Bolivien, Brasilien; *A. villosa* (p), Argentinien
  - *Astragalus hypogaeus* (p), Westsibirien, Kasachstan, Altai
  - *Macrotyloma geocarpum* (Syn. *Kerstingiella geocarpa*) (a), Westafrika (Abb. 5.52)
  - *Medicago hypogaea* (Syn. *Factorovskya aschersoniana*) (a), Zypern bis Irak
  - *Trifolium israeliticum* (a), Israel; *T. subterraneum* (a), Mittelmeergebiet
  - *Vigna* (Syn. *Voandzeia*) *subterranea* (a), Westafrika
- Begoniaceae: *Begonia laporteifolia* (Syn. *B. hypogaea*) (p), tropisches Afrika
- Cucurbitaceae: *Cucumis humifructus* (a), Südafrika
- Primulaceae: *Anagallis kingaensis* (p), Tansania (Abb. 5.53); *A. oligantha* (p), Nyasaland
- Convolvulaceae:
  - *Falkia repens* (p), Südafrika
  - *Dichondra repens* (p), Tropen, Subtropen

Abb. 5.51 *Morisia monanthos.* Blühende Pflanze (U. Hecker, Sardinien, 5. April 1976)

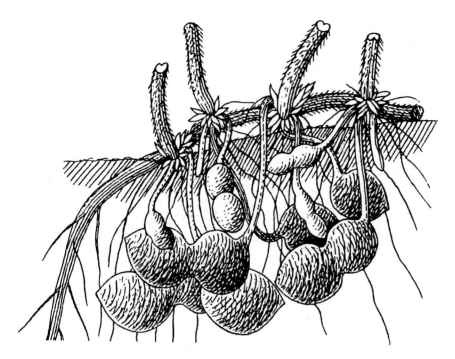

Abb. 5.52 *Macrotyloma geocarpum* (Syn. *Kerstingiella geocarpa*). Unterirdische Pflanzenteile. (Aus Ulbrich 1928)

- Boraginaceae: *Hilgeria hypogaea* (Syn. *Heliotropium hypogaeum*) (a/p), Kuba, Haiti
- Plantaginaceae: *Callitriche deflexa* (a/p), Mexiko, tropisches Amerika; *C. naftolskyi* (a/p), Mittelmeergebiet
- Scrophulariaceae: *Limosella capensis* (a), Südafrika
- Rubiaceae: *Psychotria* (Syn. *Cephaelis*) *densinervia* (p), Kamerun, tropisches Westafrika
- Araceae:
  - *Biarum angustatum* (p), Orient
  - *Stylochaeton hypogaeus* (p), tropisches Afrika; *S. lancifolius* (p), tropisches Afrika, Sudan

Eine Fernausbreitung ist bei der Geokarpie völlig verhindert. Die Früchte, das heißt die Samen, keimen am Ort ihrer Reife. Eine Dehiszenz der Früchte findet entweder nie statt oder aber die Samen sind von hygroskopischem Gewebe umschlossen, das sich nach Benetzung – zu Beginn einer neuen Vegetationsperiode – öffnet. Die Keimung kann, insbesondere bei verholzten Samenbehältern, lange verzögert werden, bis der Behälter im Erdboden verrottet.

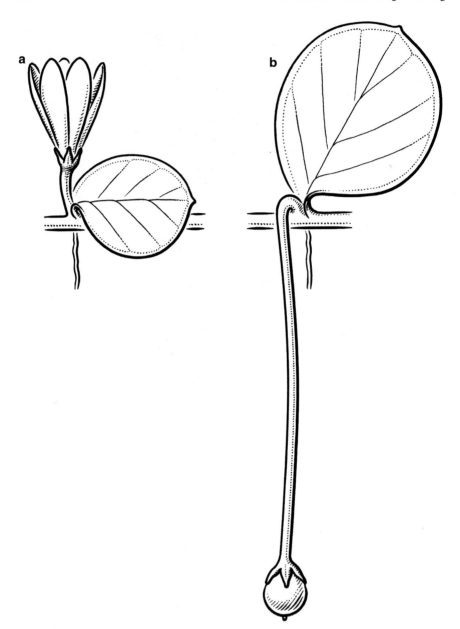

Abb. 5.53 *Anagallis kingaensis.* **a** Blüte. **b** Frucht. (Nach Taylor 1958)

Eine Ausnahme bildet *Cucumis humifructus.* Hier sind es Erdferkel (*Orycteropus afer*), die den Früchten nachstellen, sie aus der Erde holen und fressen.

Hinsichtlich der Blütenausbildung lassen sich drei Formen unterscheiden. Bei allen ist zur Fruchtentwicklung eine unterirdische Position erforderlich. Die Blüten sind aerisch und chasmogam.

- Ein Gynophor bohrt sich in den Erdboden ein: *Arachis hypogaea, A. villosa.*
- Der Blütenstiel bohrt sich in die Erde ein: *Anagallis kingaensis, A. oligantha, Cucumis humifructus* (durch sog. Bohrspitze), *Callitriche deflexa, Macrotyloma geocarpum.*
- Die Infloreszenzachse bohrt sich in die Erde ein: *Macrotyloma geocarpum* (Früchte ein- bis dreisamig), *Medicago hypogaea, Trifolium israeliticum, T. subterraneum* (Abb. 5.54), *Vigna subterranea.* Bei *V. subterranea* wächst die Achse der zweiblütigen Infloreszenz in die Erde. Die Blütenstiele strecken sich, sodass die Blüten über die Erdoberfläche gelangen. Postfloral schrumpfen die Blütenstiele mit dem Ergebnis, dass die Hülsen subterran reifen (Abb. 5.55).

Blüten sind **subterran** angelegt. Nur der obere Teil der Spatha ragt aus dem Erdboden, die Blüten selbst sind zwar unterirdisch, werden aber durch Fliegen und Käfer bestäubt. Beispiele sind *Biarum angustatum, Stylochaeton hypogaeus* und *S. lancifolius.*

Abb. 5.54 *Trifolium subterraneum.* Fruchtstand. (Nach Zohary und Heller 1984)

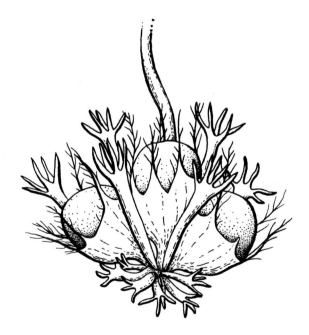

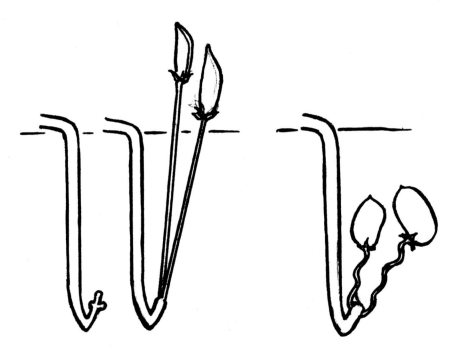

Abb. 5.55 *Vigna subterranea.* **Links:** aerische Blüten. **Rechts:** subterrane Früchte (Nachlass K. Stopp)

Bemerkenswert ist, dass mehrere geokarpe Vertreter ihren Lebensraum nicht an trockenen, sondern an feuchten Standorten haben, darunter *Begonia*, Falkia, Isoetes, Marsilea, Morisia und *Psychotria*.

Literatur

Alefeld F (1861) Über Vicieen. Bonplandia 9:99–105

Ascherson P (1884) Amphikarpie bei der einheimischen Vicia angustifolia. Ber Deutsch Bot Ges 2:235–245

Ascherson P (1892) Hygrochasie und zwei neue Fälle dieser Erscheinung. Ber Deutsch Bot Ges 10:94–114

Asplund E (1928) Eine neue Balanophoraceen-Gattung aus Bolivien. Svensk Bot Tidskrift 22:261–277

Bach H (1953) Die Heterokarpie bei Calendula (Entwicklung, Organstellung, Abhängigkeit von Einflüssen). Flora 140:326–344

Barker N (2005) A review and survey of amphicarpy, basicarpy and geocarpy in the African and Madagascan flora. Ann Mo Bot Gard 92(4):445–462

Betsche I (1984) Taxonomische Untersuchungen an Kickxia Dumortier (S. L.) Die neuen Gattungen Pogonorrhinum n. gen und Nanorrhinum n. gen. Cour Forsch-Inst Senckenb 71:125–142

Braun-Blanquet J (1964) Pflanzensoziologie. Grundzüge der Vegetationskunde, 3. Aufl. Springer, Wien

Browning J (1992) Hypogynous bristles and scales in basal florets in amphicarpous *Schoenoplectus* species (Cyperaceae). Nordic Journ Bot 12(2):171–175

Burkart A (1940) Los frutos de las especies silvestres de Arachis. In: Proceedings of the VIIIth. American Scientific Congress, vol 3: Biological Sciences, Botany.

Burkart A (1987) Leguminosas. In: Cabrera AL (Hrsg) Flora de la Provincia de Buenos Aires vol. 4, Part 3a: 572–575

Burkart A (1952) Una notable especie nueva de Phaseolus del noroeste argentino ("Ph. geophilus" n.sp.). Darwiniana 10(1):19–24

Cabrera AL (1965) Flora de la Provincia de Buenos Aires. Umbelliferae bearb. von A. Pontiroli. Callitrichaceae bearb. von G. Dawson. Buenos Aires.

Chase A (1935) Studies in the Gramineae of Brazil. J Washington Acad Sci 25(4):187–193

Cheplick GP (1987) The ecology of amphicarpic plants. Trends Ecol Evol 2:97–101

Cheplick GP (1994) Life history evolution in amphicarpic plants. Pl Spec Biol 9:119–131

Cheplick GP, Quinn JA (1982) Amphicarpum purshii and the, Pessimistic strategy" in annuals with subterranean fruits. Oecologia 52(3):327–332

Coile N, Jones SB (1981) Lychnophora (Compositae: Vernonieae), a new genus endemic to the brazilian Planalto. Brittonia 33(4):528–542

Delpino F (1894) Eterocarpia ed eteromericarpia nelle angiosperme. Mem Reale Accad Sci Ist Bologna ser 4:27–68

Dempster LT (1958) Dimorphism in the fruits of Plectritis, and its taxonomic implications. Brittonia 10(1):14–28

Eichler R (1935) Handbuch der Systematischen Botanik, 4. Aufl. Hrg. F. Wettstein, Franz Deuticke, Leipzig

Eig A (1926) A contribution to the knowlede of the flora of Palestine. Inst. Agric. and Nat. Hist. Hebrew Univ. Bull 4:70

Engler A (1895) Über Amphikarpie bei Fleurya podocarpa Wedd. nebst einigen allgemeinen Bemerkungen über die Erscheinung der Amphikarpie und Geokarpie. Sitzber. K. Akad. Wiss. Berlin

Ernst A (1906) Das Keimen der dimorphen Früchtchen von Synedrella nodiflora (L.)Gartn. Ber Dtsch Bot Ges 24:450–458

Evrard C (1964) Un nouveau cas de géocarpie: Paraphyadanthe flagelliflora Mildbr (Flacourtiaceae), Botanique de Belgique Tome. Bull Soc Roy 95:269–276

Fabre MJ-H (1855) Observations sur les fleurs et les fruits hypoges du Vicia amphicarpa. Bull Soc Bot France II:503–509

Fahn A (1947) Physico-anatomical investigations in the dispersal apparatus of some fruits, Jerusalem Series. Palestine J Botany IV:36–45

Fay JJ (1973) New species of Mexican Asteraceae. Brittonia 25:192–199

Fries RE (1904) Eine Leguminose mit trimorphen Blüten und Früchten. Arkiv för Botanik 3(9):1–10

Garside, S, Lockyer S (1930) Seed dispersal from Hygroskopic Fruits of Mesembryanthemum Carpanthea (Mesembryanthemum) pomeridiana N. E. Br. Ann Bot vol.XLIV No. CLXXV:639–655.

George AS (1984) The Banksia Book. Kangaroo Press, Kenthurst

Goebel K (1911) Über Heterokarpie. Naturwiss. Wochenschr. N. F X, 52:825–829

Grau J (1981) Zwei neue Arten der Gattung *Cryptantha* Lehm. (Boraginaceae) und ihre systematische Stellung. Mitt Bot. Staatss. München 17:511–526

Grau J (1983) Life form, reproductive biology and distribution of the Californian/Chilean Genus Cryptantha. Sonderbände des Naturwiss. Vereins in Hamburg 7, Dispersal and Distribution

Grimbach P (1913) Vergleichende Anatomie verschiedenartiger Früchte und Samen bei derselben Spezies. Bot Jahrb Syst 51(2) Beibl 113:1–52

Gruberrt M (1972) Untersuchgungen über die myxospermen Diasporen von Iberis pectinata Boiss., Ruellia strepens L., Ecballium elaterium A. Rich. und Salvia horminum L. Beitr Biol Pflanzen 48:353–375

Grubert M (1970) Untersuchungen über die Verankerung der Samen von Podostemaceen. Int Revue ges Hydrobiol 55(1):83–114

Grubert M (1972) Untersuchungen über die verschleimenden Samen von Collomia grandiflora Dougl. (Polemoniaceen). Beitr Biol Pflanzen 48(2):187–206

Grubert M (1974a) Podostemaceen-Studien Teil 1. Zur Ökologie einiger venezolanischer Podostemaceen. Beitr Biol Pflanzen 50:321–391

Grubert M (1974b) Studies on the distribution of myxospermy among seeds and fruits of Angiospermae and its ecological importance. Acta Biol Venez 8(3–4):315–551

Grubert M (1975) Ökologie extrem adaptierter Blütenpflanzen tropischer Wasserfälle. Biologie i unserer Zeit 5:18–25

Grubert M (1980) SEM-Untersuchungen an myxospermen Diasporen. Pl Syst Evol 135(3–4):137–149

Grubert M (1981) Mucilage or gum in seeds and fruits of angiosperms. A review. Minerva Publications, München, S 397

Grubert M (1982) Bestimmung des Schleimgehaltes myxospermer Diasporen verschiedener Angiospermenfamilien. Pl Syst Evol 141:7–21

Grubert M (1990) Vergleichende Charakterisierung der Schleimproduktion von Samen und Früchten. Pharm Ztg Wiss 135(3):109–113

Grubert M (2000) Developmental morphology of Apinagia multibranchiata (Podostemaceae) from the Venezuelan Guyanas. Bot Journ Linn Soc 132(3):299–323

Haas R (1976) Morphologische, antomische und entwicklungsgeschichtliche Untersuchungen an Blüten und Früchten hochsukkulenter Mesembryanthemaceen-Gattungen. Dissertationes Botanicae 33:1–256

Haines RW (1971) Amphicarpy in East African Cyperaceae. Mitt Bot Staatssamml 10:534–538

Haines RW, Lye KA (1977) Studies in East African Cyperaceae 15. Amphicarpy and spikelet structure in Trianoptiles solitaria (C.B.Clarke) Levyns. Bot Notiser 130:235–240

Haines, RW, Lye KA (1983) The Sedges and Rushes of East Africa. East African Natural History Society. Nairobi

Hegi G (1965) Illustrierte Flora von Mitteleuropa, 2. Aufl., Bd. III, 5,Caryophyllaceae S 30–35 Carl Hanser München

Hegi G (1965) Illustrierte Flora von Mitteleuropa 2. Aufl., Bd. V, 2, Hydrocaryaceae S 882–894 Paul Parey Berlin Hamburg

Hepper FN (1963) Plants of the 1957–58 West African Expedition: II. The Bambara Groundnut (Voandzeia subterranea) and Kersting's Groundnut (Kerstingiella geocarpa) wild in West Africa. Kew Bull 16(3):395–407

Heywood VH, Dakshini KMM (1971) Fruit structure in the Umbelliferae – Caucalideae. Bot J Linn Soc 64(1):215–232

Hilger H, Hofmann M., Steiner C (1995) Die Doppelklausen von Cerinthe (Boraginaceae-Boraginoideae. 12. Symposium Morphologie – Anatomie – Systematik. Mainz 7.–10. März 1995

Hilger H (1983) Ontogenie der Strahlenblüten und der heterokarpen Achänen von Calendula arvensis (Asteraceae). Beitr Biol. Pflanzen 58:123–147

Hilger H, Podl D (1985) Heteromerikarpie und Fruchtpolymorphismus bei Microparacaryum gen. nov. (Boraginaceae). Plant Syst Evol 3–4:291–312

Hollmann J, Myburgh S, Van der Schijff M, Schweikerdt HGWJ (1995) Aardvark and cucumber. A remarkable relationship. Veld Flora 81(4):108–109

Howard RA, Briggs WR (1953) New species and distribution records for Las Villas Province, Cuba. J Arnold Arboretum XXXIV:182–186

Huber JA (1924) Zur Morphologie von Mesembryanthemum. Bot Archiv 5:7–25

Huth E (1890) Über geokarpe, amphikarpe und heterokarpe Pflanzen. Sammlung naturwiss. Vorträge, Bd. 3, No. 10

Huth E (1895) Heteromericarpie und ähnliche Erscheinungen der Fruchtbildung. Helios 13(4):49–152

Hylander N (1946) Über Geokarpie. Bot Notiser 4:433–470

Ihlenfeld H-D (1959a) Über die Entwicklung der Blüte und den Bau der Frucht von Caryotophora skiatophytoides Leistn. (Ficoidaceae (Juss). em. Hutchinson-Formenkreis Mesembryanthemen). Zeitschr Botanik 47(6):490–504

Ihlenfeld JH-D (1959b) Über die Samentaschen in den Früchten der Mesembryanthemen. Ber Dtsch Bot Ges LXXII:333–342

Krishnaswami D, Krishnaswami N (1955) Subterranean cleistogamy in Phaseolus calcaratus Roxb. Curr Sci 24:54–55

Lack HW (1977) Picris sinuata (Lam.) Lack, comb. nova (Asteraceae, Lactuceae), eine verkannte Art aus Nordafrika. Willdenowia 8:49–65

Lhotská M (1968) Karpologie und Karpobiologie der Tschechoslowakischen Vertreter der Gattung Bidens. Rozpravy Ceskosl. Ak. R. M, Praha, S 78

Lhotská M (1975) Beitrag zur Terminologie der Diasporologie. Folia Geobot Phytotax 10:105–108

Lidén M (1986) Ceratocapnos. Flora Iberica I:439–441, Real Jardín Botánico, Madrid

Lindhard E (1909) On amphicarpy in Sieglingia decumbens (L.) and Danthonia breviaristata (Beck). Bot Tidskr 29:26–31

Lindman CA (1900) Einige amphikarpe Pflanzen der südbrasilianischen Flora. Oefversicht af K vetenskap Akad Foerhandlingar 8:947

Lockyer S (1932) Seed dispersal from hygroskopic Mesembryanthemum fruits. Bergeranthus scapigerus Schw., and Dorotheanthus bellidiformis N. E. Br., with a note on Carpanthea pomeridiana, N E. Br. Ann Bot XLVI CLXXXII:323–342

Lubbock J (1881) Fruits and seeds. Proc Roy Inst Great Britain 9:595–628. (Erstveröffentlichung 1882)

Mattatia J (1977) Amphicarpy and variability in Pisum fulvum. Bot Notiser 130:27–34

Meeuse ADJ (1955) The aardvark cucumber. More information required about this rare plant. Farm South Afrika 30(351):301–304

Meikle RD (1977) Flora of Cyprus. Vol I. Bentham-Moxon Kew

Müller-Schneider P (1936) Ueber Samenverbreitung durch den Regen. Ber Schweiz Bot Ges 45:181–190

Müller-Schneider P (1977) Verbreitungsbiologie (Diasporologie) der Blütenpflanzen, 2. Aufl., Veröff. Geobot. Instituts d. Eidgen.Techn. Hochschule, Stiftung Rübel in Zürich, 61. Heft. Zürich.

Müller-Schneider P, Lhotská M (1972) Zur Terrminologie der Verbreitungsbiologie (correct: Ausbreitungsbiologie) der Blütenpflanzen. Folia geobot Phytotax 6(4):407–417

Murbeck S (1916) Über die Organisation, Biologie und verwandtschaftlichen Beziehungen der Neuradoideen. Acta Univ Lund N F Avd, 2 12(6):1–29

Murbeck S (1920a) Beiträge zur Biologie der Wüstenpflanzen I. Vorkommen und Bedeutung von Schleimabsonderung aus Samenhüllen. Acta Univ Lund N F Avd 2 15(10):1–36

Murbeck S (1920b) Beiträge zur Biologie der Wüstenpflanzen II. Die Synaptospermie. Acta Univ Lund N F Avd 2 17(1):1–53

Murbeck Sv (1901) Über einige amphicarpe nordwestafrikanische Pflanzen. Förhandl Kongl Akad Vetensk 7(58):549–571

Murbeck SV (1943) Weitere Beobachtungen über Synaptospoermie. Lunds Univ Arsskr N F Avd 2, Bd 39 10:1–24

Ohwi J (1984) Flora of Japan. S 810, Smithsonian Institution, Washington, D.C.

Plitmann U (1965) Three new legumes from Israel. Israel J Bot 14:90–96

Plitmann U (1973) Biological Flora of Israel 4. Vicia sativa ssp. amphicarpa (Dorth.) Asch. und Graebn. Israel J Bot 22:178–194

Pomplitz R (1956) Die Heteromorphie der Früchte von Calendula arvensis unter bedsonderer Berücksichtigung der Stellungs- und Zahlenverhältnisse. Beitr Biol Pflanzen 32:331–369

Raynal J (1976) Notes Cypérologiques: 26 Le Genre Schoenoplectus 11. L´amphicarpie et la sect Supini. Adansonia ser 16(1):119–155

Salisbury EJ (1958) Spergularia salina and Spergularia marginata and their heteromorphic Seeds. Kew Bull 1:41–51

Schively A (1895) Contributions to the life history of Amphicarpaea monoica. Contr Bot Lab Univ Pennsylv 1:270–363. (Erstveröffentlichung 1897)

Schnee BK, Waller DM (1986) Reproductive behavior of Amphicarpaea bracteata (Leguminosae), an amphicarpic annual. Am J Bot 73:376–386

Schriever I (1972) Untersuchgungen über die myxospermen Diasporen von Iberis pectinata, Ruellia ciliosa, R. strepens, Ecballium elaterium, Salvia horminum und S. sclarea. Schriftl. Hausarbeit zur Fachwiss. Prüfung f. d. Lehramt an Realschulen.

Schwantes G (1952) Die Früchte der Mesembryanthemaceen. Mitt Bot Mus Univ Zürich CXCIII:1–38

Schwantes G (1929) Biologisches und Systematisches über die Mesembryanthemaceen. Mitt Inst allgem 8(1):161–167

Shaw CH (1904) The comparative structure of the flowers in Polygala polygama and P. pauciflora, with a review of Cleistogamy. Publ Univ Pennsylv Contrib Botan Labor II:122–149

Soderstrom TR, Calderon CE (1974) Primitive forest Grasses and Evolution of the Babusoideae. Biotropica 6(3):141–153

Steinbrinck C, Schinz H (1908) Ueber die anatomische Ursache der hygrochastischen Bewegungen der sog. Jerichorosen usw. Flora 98:471–500

Steinbrink C (1883) Über einige Fruchtgehäuse, welche ihre Samen infolge von Benetzung frei-legen. Ber Deutsch Bot Ges 1(339–347):360

Stent SM (1927) An undescribed geocarpic plant from South Africa. Bothalia II(1b):354–359

Stopp K (1950) Karpologische Studien III und IV. Abh. Akad. Wiss. Lit. Mainz, mathem.-naturwiss. Kl. 1950(17):50.

Stopp K (1952) Morphologische und verbreitungsbiologische Untersuchungen über per-sistierende Blütenkelche. Abh Akad Wiss, Lit Mainz, math-naturwiss Kl 12:904–971

Stopp K (1954) Über die Wuchsformen einiger amphikarprer Phaseolus- und Amphicarpaea-Arten. Österr Bot. Zeitschr 101:592

Stopp K (1958a) Die verbreitungshemmenden Einrichtungen in der südafrikanischen Flora. Bot Studien 8:1–103

Stopp K (1958b) Die verbreitungshemmenden Einrichtungen in der Südafrikanischen Flora. Botan Studien 8:65–73

Stopp K (1958c) Die verbreitungshemmenden Einrichtungen in der Südafrikanischen Flora. Botan Studien 8:90–91

Stopp K (1964) Ein seltsamer Fall von Heterokarpie bei Sesamum. Beitr Biol Pflanzen 40:23–26

Stopp K (1971) Über spezielle Verbreitungseinrichtungen anatolischer Galieae. Flora 160:340–351

Straka H (1955) Anatomische und entwicklungsgeschichtliche Untersuchungen an Früchten papaspermer Mesembryanthemen. Nova Acta Leopoldina N. F. 17(118):127–190

Taylor P (1958) Tropical African Primulaceae. Kew Bull 1:133–149

Teppner H (2003) The Heterodiaspory of Capsella bursa-pastoris (Brassicaceae). Phyton (Horn, Austria) 43(2):381–391

Theune E (1916) Beiträge zur Biologie einiger geokarper Pflanzen. Beitr Biol Pflanzen XIII(2):283–346

Treviranus LC (1863) Amphikarpie und Geokarpie. Bot Zeitung 21:145–147

Troitzky N (1925) Unterirdische Blüten. Journ Soc Bot de Russie X:217–228

Troll W (1951) Über die Amphikarpie von Cardamine chenopodiifolia Pers. Botanische Notizen II. Akad d Wiss u d Literatur Mainz, Math-Naturwiss Klasse Jahrg 2:63–65

Trotter A (1917) Studi sulla flora e sulla vita delle piante in Libia. XV. Di un nuovo e singolare adattamento anficarpico in una pianta desertica di Tripolitana. Bolletino di studi e informazioni del giardino coloniale di Palermo IV:27–47

Ulbrich E (1928) Biologie der Früchte und Samen (Karpobiologie). Julius Springer, Berlin

Urban I, Ekman EL (1929) Heliotropium hypogaeum. Arkiv Botanik 22 A(10):105

Van der Pijl L (1972) Principles of Dispersal in Higher Plants. Springer, Berlin

Van der Pijl L (1982) Principles of dispersal in Higher plants. Springer, Berlin

Volkens G (1887) Die Flora der ägyptisch-arabischen Wüste. Berlin

von Guttenberg H (1926) Die Bewegungsgewebe. In: Linsbauer K (Hrsg) Handbuch der Pflanzenanatomie I. Abt. 2 Teil: Histologie, Band 5 Berlin, S 289

Warburg O, Eig A (1926) Pisum fulvum Sibth. et Smith n. var. amphicarpum. Agric Exp Stat Rec 1:1–6

Weberbauer A (1898) Beiträge zur Anatomie der Kapselfrüchte. Botan Centralblatt 73:1–52

Wettstein R (1935) Handbuch der Systematischen Botanik, 4. Aufl. Franz Deuticke, Wien

Zohary M (1930a) Beiträge zur Kenntnis der hygrochastischen Pflanzen. Feddes Rep Beih 61:85–96

Zohary M (1930b) Über einen neuen Fall von Amphikarpie bei Gymnarrhena micrantha Desf. Repert Spec nov reg Veget Beih 61:95–96

Zohary M (1937a) Die verbreitungsbiologischen Verhältnisse der Pflanzen Palästinas, I. Beih Bot Zentralbl A 56:1–155

Zohary M (1937b) Die verbreitungsökologischen Verhältnisse der Pflanzen Palästinas. Beih Botan Centralblatt A 56:1–155

Zohary M (1937c) Die verbreitungsökologischen Verhältnisse der Pflanzen Palästinas. I. Die antitelechorischen Erscheinungen. Beih Biol Centralblatt Abt A 46(1):1–155

Zohary M (1962) Plant Life of Palästine, Israel and Jordan. Chronica Bot 33

Zohary M (1972) Flora Palaestina. Israel Acad Scienc and Humanities Jerusalem

Zohary M, Fahn A (1941) Anatomical-carpological observations in some hygrochastic plants of the oriental Flora, Jerusalem Series. Palestine J Bot 2:125–131

Zohary M, Fahnû A (1950) On the heterocarpy of Aethionema. Palestine J Bot

Zohary M, Heller D (1984) The Genus Trifolium. The Israel Academy of Sciences and Humanities, Jerusalem

Weiterführende Literatur

Bonn S, Poschlod P (1998) Ausbreitungsbiologie der Pflanzen Mitteleuropas. UTB, Wiesbaden
Bullock JM, Kenward RE, Hails RS (2002) Dispersal ecology. Blackwell Science Ltd., Malden
Carlquist S (1974) Island biology. Columbia University Press, New York
Clobert J, al (Hrsg) (2012) Dispersal ecology and evolution. Oxford Academic Press, Oxford, S 520
Estrada A, Fleming TH (Hrsg) (1986) Frugivores and seed dispersal. Junk Publishers, Dordrecht
Fahn A, Werker E (1972) Seed biology ed by T T Kozlowski. Academic Press, New York
Fenner M (1985) Seed ecology. Chapman & Hall London
Gilbert LE, Raven PH (1980) Coevolution of animals and plants. University of Texas Press, Austin
Guenther EW, Klug H (Hrsg) (1970) Surtsey, Island. Natürliche Erstbesiedlung (Ökogenese) der Vulkaninsel. Schr. Naturwiss. Ver. f. Schleswig-Holstein Sonderband Kiel
Hegi G (1965–1981) Illustrierte Flora von Deutschland, Bd. 1–6; 2. und 3. Aufl. Berlin, Hamburg
Heintze A (1932/35) Handbuch der Verbreiutungsökologie der Pflanzen. Se3lbstverlag Stockholm
Hildebrand F (1873) Die Verbreitungsmittel der Pflanzen. Engelmann Leipzig, S 162
Hylander N (1929) Diasporenabtrennung und Diasporen-Transport Bemerkungen zur verbreitungsökologischen Terminologie. Sven Bot Tidskr 23(1):184–218
Kerner von Marilaun A (1890/91) Pflanzenleben, 2. Aufl. 1896/98. Bibliograph. Institut Leipzig Leipzig – Wien
Kowarik I (2010) Biologische Invasoren. Neophyten und Neozoen in Mitteleuropa, 2. Aufl. Eugen Ulmer, Stuttgart
Kronfeld EM (1900) Studien über die Verbreitungsmittel der Pflanzen I. Windfrüchtler, W. Engelmann Leipzig
Kubitzki K (Hrsg) (1983) Dispersal and distribution An international Symposium. Verlag Paul Parey, Hamburg und Berlin
Litzelmann E (1938) Pflanzenwanderungen im Klimawechsel der Nacheiszeit. Hohenlohe/Rau Oehringen
Mabberley DJ (2008) Mabberley's Plant- Book, 3rd. ed. Cambridge University Press Cambridge
Müller-Schneider P (1977) Verbreitungsbiologie (Diasporologie) der Blütenpflanzen. 2. Aufl., Veröff. Geobot. Inst. ETH Stiftung Rübel, 61. Heft. Zürich
Murray DR (1986) Seed Dispersal. Academic Press, Sydney
Overbeck F (1934) Verbreitungsmittel der Pflanzen. Handwörterbuch d. Natwiss 2. Aufl. G. Fischer Jena
Phillips EP (1920) Adaptations for the dispersal of Fruits and Seeds. South African J Nat History II 2:240–252

Probst R (1949) Wolladventivflora Mitteleuropas. Solothurn

Ridley HN (1930) The dispersal of plants throughout the World. Ashford, Kent

Roberts EH (1972) Viability of seeds. Syracuse University Press, New York

Salisbury EJ (1942) The reproductive capacity of plants. G. Bell & Sons London

Schmid B, Stöcklin J (1991) Populationsbiologie der Pflanzen. Birkhäuser, Basel

Schroeder F-G (1998) Lehrbuch der Pflanzengeographie. Quelle und Meyer, Wiesbaden

Schwabe GH (1969) Pioniere der Besiedlung auf Surtsey. Umschau in Wissenschaft und Technik 2:51–52

Sernander R (1927) Zur Morphologie und Biologie der Diasporen. Nova Acta Regiae Soc Sci Upsal vol extra Ord 1927:1–104

Ulbrich E (1828) Biologie der Früchte und Samen (Karpobiologie). Julius Springer, Berlin

Van der Pijl L (1982) Principles of dispersal in higher plants, 3. Aufl. Springer, Berlin

Rheede V, van Oudtshoorn K, Van Rooyen MW (1998) Dispersal biology of desert plants. Springer, Berlin

von Handel-Mazzetti H F (1914) Die Vegetationsverhältnisse von Mesopotamien und Kurdistan. Ann Naturhist 28

Wagenitz G (2003) Wörterbuch der Botanik. Spektrum Akademischer Verlag, Heidelberg

Wilson MF (1983) Plant reproductive ecology. John Wiley & Sons New York

Zohary M (1962) Plant life of Palaestine. Ronald Press Company New York

Pflanzennamenregister

© Der/die Herausgeber bzw. der/die Autor(en), exklusiv lizenziert an Springer-Verlag GmbH, DE, ein Teil von Springer Nature 2023
U. Hecker, *Ausbreitungsbiologie der Höheren Pflanzen,*
https://doi.org/10.1007/978-3-662-67415-4

Tiernamenregister

Printed in the United States
by Baker & Taylor Publisher Services